收納要輕鬆就要做對裝潢：

做好空間規劃、櫃設計，
收納一次到位

漂亮家居編輯部 著

[目錄]

Chapter6. 臥室

Chapter7. 浴室

　　收納，向來是每位屋主最擔心也最在意的事情。

　　有朋友裝潢時想省錢，買了現成鞋櫃，後來根本不夠放，只好又多買另一組鞋櫃，原本空間已經不夠大，又讓房子變得更小，也有朋友是雖然買的坪數不算小，卻又因為做了太多的櫃子，卻把空間變得好小。

　　所以不論坪數大小，櫃子的位置安排、該搭配什麼樣的五金以及尺寸的拿捏，都是促成「好不好收」、「收得更多」的關鍵。這本書整合了「空間規劃祕訣」、「好用櫃子設計」兩大層面，蒐集了超過150個從玄關、客廳、餐廚、臥房到浴室的收納櫃設計，根據物品出沒地點規劃一次到位的收納，並深入剖析櫃子的形式、尺寸、材質、五金配件，我們還將最重要的五金、設計細節做拉線標示，讓你一看就懂！

　　另外，根據漂亮家居編輯部的調查發現，鞋子、書籍、小家電、衣服這四大物件的收納，是許多屋主裝潢時最感到困擾，在這次找到的案例中，也可以許多設計師們的巧思，就像 FUGE 馥閣設計集團的黃

鈴芳設計總監，充分利用鞋櫃門片做了可直接掛高跟鞋的設計，甚至是深入了解屋主因為有送洗襯衫的習慣，從洗衣店取回的襯衫卻不知道該怎麼收好，而幫他創造了更好收納襯衫的衣櫃，以及光合作用設計規劃可以側拉抽出來的鞋櫃，滿足有著大量鞋子收納的屋主需求。

　　當然如果空間足夠的話，也可以規劃完整的鞋間，好比相即設計呂世民設計師更加入滑軌五金創造雙層鞋櫃，有 15、30 公分兩種層架高度，達成女主人各式鞋子收納的慾望。另外還有很擅長收納的摩登雅舍設計、演拓設計，這二位設計師非常善於利用空間，摩登雅舍設計的王思文設計師將衣櫃藏在床頭內，上、下分層概念收納不同衣物，實在令人驚艷！另外，對於小家電的收納問題，除了嵌入式設計之外，也能採用掀板＋抽板的規劃，平常不用的時候，門片關起來就能完全隱藏，房子看起來就會很整齊，或者是像演拓設計張德良設計師，規劃一道獨特的樹形拉門，一推就能把凌亂的小家電擋住，也是實用又美觀的做法。想知道更多最完整的收納規劃設計都在《收納要輕鬆，就要做對裝潢》。

責任編輯　許嘉芬

Part.1

隱藏式收納設計

設計
關鍵提示

圖片提供 ©FUGE 馥閣設計集團

|提示 1|

何謂隱藏式收納

　　居家空間住久了，物品累積越來越多，常出現雜物叢生的亂象。設計師為避免視覺亂源產生，經常透過隱藏式收納概念提升收納效能，幫助屋主維持井井有條的生活。

　　隱藏式收納顧名思義是將收納櫃隱藏於無形，維持大容量收納機能的同時，利用簡約、輕盈、好搭配的門片設計，削弱大型櫃體帶來的沉重視覺，對於普遍住宅坪數不大的台灣來説相當實用。而完美的隱藏式收納，規劃時需要考量收納設計的基礎原則，如空間格局、物品類型、收納習慣或收納便利性等外，隱藏門把是否順手好用也是重點之一，更能由此判斷自己是否真的適合隱藏式收納設計。

|提示 2|

隱藏式收納的優點

優點 1. 收納容量無限倍增

　　少了把手的設定，收納櫃界線變得模糊，進而能創造各種
方向的開門設計。如圖，具高低差的地坪運用上掀設計，將地
板化身為櫃門，大量收納空間立即隱形；立面善用櫃體厚度、
輔以隱藏把手並整合臥榻機能，將櫃體偽裝成牆面，即使空間
佈滿收納櫃也無侷促、沉重感。

圖片提供 © 蟲點子創意設計

優點 2. 生活空間安全無虞

　　有小孩的家庭，對於空間規劃的安全性需要多加注意，除了常見的無高低差地坪、轉角圓弧收邊保護小孩活動安全，平整無把手的櫃面，也不必擔心幼童容易碰撞受傷。如圖，轉角以導圓角的設計呈現，照顧居家生活安全外，仍能藉由隱藏式門片保留收納機能。

優點 3. 五金配件預算降低

　　目前收納櫃主要的開門設計，分為「配件把手」、「隱形把手」兩大類型，關乎使用手感，也影響櫃體美觀度，端看各空間風格及屋主平時使用習慣作選擇。若選擇隱藏收納設計，不必額外搭配五金把手的優勢，配件總數相對減少許多，減少部分預算。

隱藏式收納的注意事項

注意 1. 慎選門片材質

　　由於長時間觸碰門片某處，可能出現微褪色的使用痕跡，因此門片建議挑選好清潔的材質，盡量延緩褪色產生。尤其是易產生油污的廚房，烹飪時，雙手油膩開門的機率高，櫥櫃門片挑選抗污能力強的板材，保養照顧上更容易。

圖片提供 © 合砌設計

注意 2. 把關五金品質

　　隱藏在櫃體內部看似不重要的五金配件，其實攸關著櫃體開啟的流暢度及耐用程度。如彈壓式開門設計的五金彈簧、抽屜緩衝滑軌的五金等，如品質不佳或安裝數不夠時，不僅延遲收納效率，更容易造成櫃體變形或故障導致完全無法開啟。

圖片提供 ©FUGE 馥閣設計集團

圖片提供◎隹生手物業設計

注意 3. 留意開門方向

　　開啟櫃體的方式相當多元，除了一般的開門設計，上掀式、側拉式、抽屜式等也相當常見，通常由櫃體位置、櫃體大小或收納物品類型等作為判斷依據。大型吊櫃以上掀的開門方式，使用更為便利；臥榻下方的收納空間，則經常以上掀或抽屜式設計呈現。

| 提示 4 |
隱藏式收納的門把設計

設計 1. 留縫

　　此類型為目前最常見、最簡易的開門方式之一，門片之間會預留手指深入的寬度，透過「摳門」方式來開門，通常需兼顧隱形設計的視覺呈現，留縫寬度介於約 2 公分～ 2.5 公分之間。手指較寬的屋主或介意開門的舒適性，可與設計師溝通調整留縫寬度或改用別種開門方式。

圖片提供◎合砌設計

設計 2. 按壓拍拍手

　　按壓的開門方式，就是設計師俗稱的「拍拍手」設計，零縫距的外觀彷彿完全隱形於牆面上，帶來時尚大方的感受，大型櫃體亦不限於用手開啟，手肘、身體都能順利開門。需特別注意的是，彈壓式開門設計的五金彈簧關乎開關流暢度，品質不佳將造成開啟不順手或容易出現反彈關不上的現象，故障率較高。

設計 3. 鏤空造型

圖片提供 © 堯丞希設計

　　鏤空設計類似於留縫的方式，將縫隙打造為把手的概念，也是屬於這四款設計中最具造型的設計之一，推薦追求把手造型感同時又喜歡隱藏收納概念的屋主。此外，鏤空的設計除了造型變化多，同時兼顧通風的優勢，相當適合應用於鞋櫃設計上，幫助櫃內空氣對流。

圖片提供 © 木介空間設計

Part.2

陳列式收納設計

設計
關鍵提示

圖片提供 © 構設計

圖片提供 © 木介空間設計

| 提示 1 |

何謂陳列式收納

現今大多數的住宅空間裡，仍喜歡運用櫃體收納生活中的所有物品，這樣的處理方式雖然整潔乾淨，卻似乎讓居家空間少了點「人」味，人的個性除了體現在住宅設計風格外，近來可以看到愈來愈多居家收納開始導入商空的陳設概念，收納不再只是把東西收起來、眼不見為淨，還可以藉由不同的空間設計與展示手法，將個人的嗜好、蒐藏以及生活物件，以全新的展示概念收納於居家之中，成為另一種生活美學與個人品味的展現。

| 提示 2 |

陳列式收納的優點

優點 1. 突破慣性收納，書也可以是陳列主角

書籍的收納，不外乎利用書櫃、層板將書一本本排隊站好，過於制式的擺放方式，往往讓書櫃成為家中常被忽略的背景。透過學習書店的商空陳設，利用創意陳列突破書籍慣性的收納形式，以不一樣的擺放角度與呈現方式，讓書也能成為居家陳列的主角。

圖片提供 © 爾聲空間設計

優點 2. 用吊掛取代摺疊，創造如精品服飾的效果

　　家中的衣物收納通常都是摺疊收於抽屜或掛入衣櫃中，封閉的收納方式容易潮濕也不便於找尋衣物，不如參考服飾店的收納陳設手法，改採直接吊掛與平放方式，不僅拿取更方便，再透過適當的分色歸納，就能創造美觀兼具機能的獨享 showroom。

圖片提供 © 甘納空間設計

優點 3. 善用櫥櫃，兼具陳設與機能

　　對於食材與器皿的展示美學，不僅僅是單純的櫃體收納，而是有著許多有趣的呈現方式，突破傳統平排或是堆疊的觀念，讓陳列品能與空間、人產生互動，在提升整體視覺效果外，更增加輕鬆拿取與蒐藏之用。

圖片提供 ◎ 木介空間設計

陳列式收納的注意事項

注意 1. 櫃體深度需配合書籍尺寸

　　如果是複合式開放格櫃，通常深度都超過 50 公分，但如果擺放書籍之後反而會多出一塊空間，建議先思考櫃體想放置的物品，如果是書櫃，一般大約 35 公分深度就已足夠，想要更生活感的話，可橫著堆疊，一方面可以當作書擋，透過不同陳列方式增加變化性。

注意 2. 運用色系分類，讓收納更有秩序

　　家中的衣物收納，若也想學習服飾店開放式陳列的吊掛方式呈現，建議可以運用色系來做分類，這不僅讓衣物分類變得一目了然，還能使得收納更有秩序整齊。　另外也可以挑選好看的衣架掛吊衣物，整體就可以很一致。

圖片提供 ◎ 合砌設計

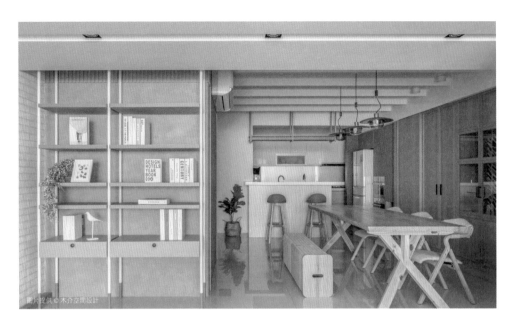

圖片提供©木介空間設計

注意 3. 層板、架與牆面的接合

　　鐵件層板通常會運用預埋、洗洞方式固定，達到不外露螺絲的完美接合收邊，同時應固定於實牆結構上，避免承重產生問題，假如是使用木作層板，建議兩側也以鐵件強化結構支撐，另外層板跨距若超過 60 公分，應使用厚度 18mm 的板材為主，避免日後產生變形。

|提示 4|
陳列式收納的設計形式

設計 1. 層架式收納

　　鐵件層架形式，是近年來陳列收納經常使用的設計手法，包括採取簡約俐落的層板，或是利用鐵件做出各種造型變化，如塊狀的分割，鐵件層板、層架相對木作顯得較為輕盈、輕量化，且又有一定程度的承重度，一般也較常規劃為懸空形式，對於空間的通透效果也會比較好。

圖片提供©合觀設計

設計 2. 洞洞板收納

　　洞洞板可說是這幾年居家的火紅設計，成為炙手可熱的陳列佈置形式，先從洞洞板的材質來看，木質還是多數人的選擇，自然溫潤調性與櫃體、門片都能融合，另外也有鐵件、纖維板等材質，若是鐵板還有磁吸功能。而洞洞板除了直接與牆面結合成為收納壁板之外，更可以將櫃體門片直接做出鏤空洞洞造型，既可收納也能保持櫃子的通風，不易產生異味；或者是將拉門與洞洞板整合的兩用設計，反而可提升坪效，而洞洞板之所以深受歡迎，也是其多元收納方式，可搭配掛鉤、層架、層板等眾多配件，收掛如帽子、飾品、雨傘、文具用品等，收得有型又整齊。

圖片提供 © 木介空間設計

圖片提供 © 甘納空間設計

設計 3. 開放式格櫃

　　善用住宅的畸零空間或是樑下結構，搭配開放式格櫃也是另一種陳列收納的方式，格櫃的優點是可以降低空間的壓迫性，賦予充足的置物機能，如果擔心全部都是開放形式會感到凌亂，亦可局部穿插抽屜、門片、木盒搭配使用，也可以讓格櫃產生更靈活的變化性。

圖片提供 ◎ 合砌設計

Chapter **02** 玄關

Part.1

各式各樣的鞋子，
什麼樣的鞋櫃設計能收最多？

設計
關鍵提示

圖片提供◎摩登雅舍室內裝修

鞋櫃設計百葉門片設計，既通風也符合鄉村風格。

|提示 1|

鞋櫃較深需注意收拿便利性

　　鞋櫃除了容量、好收好拿才是使用關鍵。尤其是深度較深的鞋櫃，與其前後硬擠兩雙、收跟取都很困難，採用旋轉鞋架、並以上下交錯的方式，或是利用利用層板、抽板放置鞋子，拿鞋子也不再千辛萬苦。（見 P.25）

|提示 2|

滑櫃兼顧分類與收納方便

　　正常鞋櫃深度約為 32～35 公分，空間上若能拉出 70 公分深度，就可以考慮採用雙層滑櫃的方式，兼顧分類與好拿。層板可採活動式，方便屋主視情況隨意調整。

|提示 3|

鞋櫃通風孔的位置要上下對稱

　　鞋櫃常見使用百葉門片，目的是為了要通風，但不是有洞就能通風，還需要考慮到對流，要讓新鮮的外部空氣流入，鞋櫃內的異味空氣及潮氣才能流出，所以大多以上下及前後對稱的方式呈現。

圖片提供◎相即設計

在不寬敞的玄關，鞋櫃規劃為不落地、不頂天的櫃體，展示區域選用黑色烤漆玻璃拉長空間景深。

| 提示 4 |
鞋櫃深度以 35 ～ 40 公分為主

　　鞋子依人體工學設計，尺寸不會超過 30 公分，除了超大與小孩鞋以外，因此鞋櫃深度一般為 35 ～ 40 公分，讓大鞋子也能放得剛好。如果要考慮將鞋盒放到鞋櫃中，則需要 38 ～ 40 公分的深度，如果還要在擺放高爾夫球球具、吸塵器等物品，深度則必須在 40 公分以上才足夠使用。

| 提示 5 |
層板間距密方便依鞋高彈性運用

　　鞋櫃高度通常設定在 15 公分左右，但為了因應男女鞋有高低的落差，建議在設計時，兩旁螺帽間的距離可以密一點，讓層板可依照鞋子高度調整間距，擺放時可將男女鞋分層放置。（見 P.26）

| 提示 6 |
千萬不要出現「半雙」的空間

　　鞋櫃內鞋子的置放方式有直插、置平、斜擺等方式，不同方式會使鞋櫃內的深度與高度有所改變，而在鞋櫃的長度上，以一層要能放 2 ～ 3 雙鞋為主，千萬不要出現只能放半雙（也就是一隻鞋）的空間，這樣的設計是最糟糕的設計。

| 提示 7 |
斜板＋橫桿適合高跟鞋愛好者

　　高跟鞋多的人，鞋櫃內可以斜板加上不鏽鋼桿勾著擺放，優點是能一目了然鞋子的樣式，容易挑選要穿的鞋子，但缺點則是佔空間，放的數量會變少，在決定設計方式前，務必考量清楚。（見 P.24）

| 提示 8 |
高度要比鞋子再高一點才好拿

　　鞋子的平均高度通常不超過 15 公分，因此平均一層的收納高度以不超過 20 公分，大約多一個拳頭的空間，最適合收與拿的動作。

| 提示 9 |
懸空設計有助透氣、通風

　　鞋櫃下方的懸空設計，可置放進屋時脫下的鞋子，先讓鞋子透透氣，等味道散去再放進鞋櫃，下雨天的濕鞋子也可暫放在此，平時則可擺放拖鞋，方便回家後穿脫，而鞋櫃懸空的高度建議離地 25 公分為佳。（見 P.33）

12個精采
鞋櫃設計

圖片提供 ©FUGE 馥閣設計集團

機能強

Case 01

連門片都能收跟鞋

屋主需求 ▶ 女屋主的鞋子數量很多，也都會保留鞋盒，希望能一起放進鞋櫃。

格局分析 ▶ 玄關空間的尺度足夠，得以擁有自成一格、明確的半獨立範疇。

櫃體規劃 ▶ 利用玄關轉折至客廳的區域規劃 L 型櫃牆，由於需置入暖爐，因此櫃體深度達 60 公分，櫃體頂端預留透氣孔。

好收技巧 ▶ 利用門片內部設計掛桿，可直接懸掛多雙跟鞋，層板部分一樣能收納其它類型的鞋子，穿搭時可先將鞋子放第一層平台挑選，每個平台也至少能放 2 ～ 4 個鞋盒。

門片內也能懸掛收納跟鞋。

圖片提供 ©FUGE 馥閣設計集團

Case02
旋轉鞋架收更多更好拿

屋主需求 ▸ 一家三口的鞋子數量很多，希望鞋櫃的容量愈多愈好。

格局分析 ▸ 玄關呈長方形結構，空間尺度算是適中。

櫃體規劃 ▸ 沿著壁面規劃 L 形櫃體，結合落地與懸空形式，立面以白色材料鋪飾，回應屋主想要的簡單、乾淨。

好收技巧 ▸ 進門左側鞋櫃內配置 360 度旋轉鞋架，不但讓拿取收納鞋子更為便利，同時擅用天花高度增設升降櫃，收納行李箱。

天花板也有升降櫃增加儲物。

鞋架後方以滑門隱藏電錶箱，以易於日後維修。

圖片提供 OFUGE 馥閣設計集團

圖片提供 OFUGE 馥閣設計集團

層板高度約 15 公分，適合收納平底鞋。

電視背後的層板間距較大，可收長靴，高度可微調。

圖片提供 ◎ 力口建築

收最多

Case03
長、短靴、平底鞋通通都能收

屋主需求 ▶ 成員是一對母女，倆人加起來的鞋子近 200 雙。

格局分析 ▶ 一進門就是客廳，沒有可發揮規劃為玄關的空間。

櫃體規劃 ▶ 整個電視櫃打開後隱藏了有如更衣室的鞋間，包含電視背後共四個立面可收納鞋子。

好收技巧 ▶ 以活動層板做為鞋櫃的分隔，可根據鞋子種類改變需要的收納高度。

圖片提供 ◎ 力口建築

上下皆有透氣孔，有助減少異味。

45度斜切門片，無把手也很好打開。

圖片提供 © 福研設計

多用途　Case04
鞋櫃也是小型儲物區

屋主需求 ▸ 希望鞋櫃能有其它功能，並讓空間看起來能乾淨俐落。

格局分析 ▸ 一進門就是客廳，收納櫃體應倚牆而設，避免空間過於壓迫擁擠。

櫃體規劃 ▸ 以多功能吊櫃方式整合鞋櫃、電視櫃、書櫃等多元機能，懸空式設計在於透氣、輕巧等功能。

好收技巧 ▸ 右側較高的層板可收納其它雜物、安全帽，或者是冬天長靴。

圖片提供 © 福研設計

好拿取

Case 05

360 旋轉鞋架擴增收納量

屋主需求 ▶ 家庭成員包括 4 位女性，希望能創造出原有鞋櫃外的鞋子收納。

格局分析 ▶ 玄關左側為原有鞋櫃，在端景處打造另一個櫃體做屏風、並讓右側成為另一處鞋子收納區。

櫃體規劃 ▶ 巧妙與貓咪的貓砂盆、寵物用品櫃結合，並利用沉穩木皮貼飾統一視感。

好收技巧 ▶ 櫃體有 45 公分深，利用可 360 度旋轉的五金鞋架，並以上下交錯的方式，好收好拿。

上方層板還可收半罩安全帽。

圖片提供◎FUGE 馥閣設計集團

好透氣

Case 06

兼具美觀實用的繃布鞋櫃

屋主需求 ▶ 希望鞋櫃不要採用密閉收納方式，要能通風、避免霉味產生。

格局分析 ▶ 玄關置物櫃位於客、餐廳一側，需能完美融入全室畫面，同時具備透氣機能。

櫃體規劃 ▶ 選用鐵件框邊搭配灰尼龍繃布門片設計，令櫃體具備透氣、硬挺美觀、與好清潔等優點，營造回家第一眼的靜謐放鬆意象。

好收技巧 ▶ 玄關左側為一整面繃布邊櫃、右側實木格柵則暗藏步入式衣帽間，方便大包小包回家時，可隨動線輕鬆分類收納。

繃布可透氣通風

暗藏衣帽間

圖片提供◎尚藝設計

收最多

Case07

雙層滑櫃容量激增 1.5 倍

屋主需求 ▶ 夫妻倆共有 200 多雙鞋子。

格局分析 ▶ 舊屋翻新重調整格局，另規劃出ㄇ字型鞋間。

櫃體規劃 ▶ 鞋櫃深度達 70 公分，運用像漫畫店的滑動櫃體，打造雙層鞋櫃，收納量激增 1.5 倍。

好收技巧 ▶ 太太的鞋子種類以高筒靴為最多，所以將高度調整為 30 公分，並採用可調整的層板，可視情況調節。

圖片提供◎相即設計

圖片提供◎相即設計

層板高度設定在 15 公分，高度可根據鞋子種類調整。

運用滑軌五金，雙層鞋櫃移動好方便。

圖片提供○尚藝設計

超隱形

Case08

用櫃牆 兼顧收納與美形

屋主需求 ▶ 因工作需求有大量鞋子要收納，但不希望有太多櫃體感。

格局分析 ▶ 順應結構將沙發右側樑下闢為櫃牆。

櫃體規劃 ▶ 利用 354×230×39公分銜接成整面櫃牆，增加容量與俐落感。

好收技巧 ▶ 活動式層板是由木芯板外貼波麗板處理，即使放上再多鞋，支撐力依舊穩固。

層板厚達1.8公分，支撐力一級棒。

圖片提供 © 尚藝設計

多用途

Case 09
兼具屏風與多種機能收納

屋主需求 ▶ 因入口處的鞋櫃與收納不足,加上開門即見客廳的穿堂煞風水疑慮。

格局分析 ▶ 安排靠近客廳處,形塑獨立玄關,兩側通道讓自然光也能走進玄關。

櫃體規劃 ▶ 多元收納形式可補足側邊立面收納量的不足,且兼具屏風的功能,讓內外領域有所界定。

好收技巧 ▶ 櫃體以半穿透呈現,門片裡可收納鞋子,掛起小吊桿可收納雨傘;開放層板則可懸掛衣服、展示植物、物件等。

鞋櫃兼隔屏也是展示層架。

圖片提供 © 桑丞希設計

深度80公分規劃雙層鞋櫃。

格柵可以幫助通風透氣。

超激量

Case 10
雙層鞋櫃收百雙鞋也沒問題

屋主需求 ▶ 全家人的鞋子數量非常多,包含長靴、拋棄式拖鞋、短靴等等,也想要收納長短傘。

格局分析 ▶ 房子的主樑、柱子都很寬大,玄關也有電錶箱的問題。

櫃體規劃 ▶ 由結構柱兩側延伸鞋櫃與儲藏室,賦予豐富的收納量之外,也修飾了樑柱問題。

好收技巧 ▶ 因櫃體深度達 80 公分,鞋櫃部分可配置雙層櫃,增加收納量,格柵拉門達到透氣效果。

圖片提供 © 大名設計

好拿取

Case 11
好收放側拉鞋櫃

屋主需求 ▶ 希望集中於入口玄關處，規劃充足、好整理的鞋櫃空間。

格局分析 ▶ 玄關大門至客浴一側，為鞋櫃收納最佳區域。

櫃體規劃 ▶ 拉齊鞋櫃與客浴門片，利用真假溝縫巧妙達到隱藏門片效果。由於鞋櫃區有局部深度達 60 公分，採用側拉五金做抽拉鞋架設計。

好收技巧 ▶ 側拉櫃共 6 層，每層約可放置 3 雙鞋子，拉出時隨即一目了然、方便挑選，解決櫃體過深、難收納拿取的困擾。

圖片提供 © 光合作用設計

側拉櫃有 6 層可收納大量鞋子。

圖片提供 © 光合作用設計

Case 12
鞋櫃、電器雙面收納牆

屋主需求 ▶ 希望有輕鬆收放的鞋櫃，方便吃火鍋的餐桌設計。

格局分析 ▶ 入口玄關後側即為廚房，兩個區域面積有限，需善加規劃收納空間。

櫃體規劃 ▶ 將鞋櫃與電器櫃各自以 40 公分、60 公分厚度整合於一處，打造雙機能隔間牆面。2.5 公分厚度的薄型大理石餐桌嵌入電磁爐，下方桌腳則設計內縮收納櫃體。

好收技巧 ▶ 鞋櫃下方嵌燈處預留放置拖鞋空間，日常使用無須頻繁開闔門片。電器櫃作抽拉托盤設計，門片亦可內收藏於櫃內，方便放置有蒸氣的電鍋、蒸爐。

懸空處可放置拖鞋。

圖片提供 © 光合作用設計

鞋櫃背面即電器櫃。

圖片提供 © 光合作用設計

Chapter 02 玄關

Part.2

雨傘、安全帽好難收，有辦法藏起來又好拿嗎？

設計
關鍵提示

圖片提供 © FUGE 馥閣設計集團

| 提示 1 |

用防水櫃作室外雨傘收納

　　雨傘收納可分為室內與室外兩種。室內櫃通常跟鞋櫃整合，考量到鞋櫃多為夾板材質，最好還是等雨傘晾乾後再放入，輔以不鏽鋼接水盤預防潮濕。室外陽台處則可用防水材質做傘櫃，回家後可以直接掛入晾乾。

| 提示 2 |

收納處離出入口別太遠

　　雨傘、安全帽等物品最好離大門不要太遠，這樣每天出入才好拿。雨傘在收納時需注意最好七分乾再收進櫃子裡，不然一般櫃體都為木頭材質，過於潮濕將會影響櫃體使用年限。（見 P.37）

圖片提供 ◎ 演拓空間設計

鞋櫃內的雨傘收納設計，最直接的方法是直接在鞋櫃下方約 90 ～ 100 公分的高度，設計一小段衣桿作為雨傘的吊掛使用。

|提示 3|

多功能玄關櫃透氣是關鍵

玄關處常見的收納櫃體，常結合鞋櫃、雨衣收納，甚至還有寵物貓的砂盆規劃！想當然爾櫃內氣味就真的是五味雜陳，記得在櫃體的上下規劃透氣孔，搭配每日使用開闔換氣，盡可能地讓櫃體保持清爽乾淨。

|提示 4|

吊桿、掛鉤、層板運用解決雨傘、雨衣收納

若有足夠空間，可在鞋櫃一側分隔出長傘的吊桿及短傘的掛鉤，並設計活動式的置物層板，可放置摺疊好的雨衣，及安全帽之類的物品，活動層板可依放置物品尺寸的需要來調整空間，若能再有個小抽屜更好，可用來擺放皮鞋的清潔護理工具、鞋油等。（見 P.37）

|提示 5|

可設計集水盤避免鞋櫃內積水

鞋櫃內若規劃放置吊掛雨傘的區塊，使用過的雨傘最好陰乾後再放入櫃中，如果一定要將濕傘直接放進鞋櫃裡，除了櫃體要選擇防水板材，下方也必須設計集水盤，但切記要時時倒水，以免滋生蚊蠅。

|提示 6|

利用收納櫃彌補鞋櫃不足空間

在距離門口處不遠的對講機、電箱等，常常是空間中不常用、很突兀卻不可避免的物品，這時可在此區設計收納櫃，不但能將這些醜醜的設備隱藏起來，也多了收納空間，可放置隨手放的鑰匙、雨傘、不常穿的鞋子等物品，同時彌補了鞋櫃空間不足的問題。

|提示 7|

櫃體內的層格再做特殊切割

要幫瘦長型的雨傘做收納空間，不妨可以透過層格多做切割方式來解決。像是在鞋櫃中別只做單一種層格設計，可以把雨傘收納也考量裡去，兩種機能整合在一起，也不用擔心不好收放的問題。

|提示 8|

深度 15 公分收納雨傘剛剛好

雨傘不論摺疊傘、立傘，收起來體積都不大，因此可以將櫃體整合牆面設計，規劃一個深度約 15 ～ 16 公分（含門片距離）的雨傘櫃，既不影響空間，大小不一的雨傘也能被收得漂漂亮亮。

7個精采
傘與安全帽
收納設計

圖片提供 ◎CONCEPT 北歐建築

好拿取

Case01

大容量櫃體修飾樑柱

屋主需求 ▶ 學舞的女主人，偶爾會在家中練舞，打造一個開闊場地，並把生活雜物盡量隱蔽，才能減少阻擋、盡興跳舞。

格局分析 ▶ 空間寬敞卻有不少較深的大樑柱，因此沿著大樑下方打造一整排的大容量櫃體，達到整平立面、修飾樑柱效果。

櫃體規劃 ▶ 入門後的收納動線依序為玄關櫃、門片櫃與視聽收納平台，將生活物品與瑣碎一筆隱藏，表現化繁為簡、寧靜簡約的生活態度。

好收技巧 ▶ 玄關櫃部分設有懸掛雨傘與安全帽的開放層架，方便拿取使用，另外櫥櫃門片內隱藏大茶鏡，可沿著 T 型軌道拉出使用。

藏於側邊好拿取

圖片提供 ◎CONCEPT 北歐建築

超隱形 | Case02

抽拉設計讓傘櫃隱藏在牆裡

屋主需求 ▶ 希望有個雨傘收納空間，不要散落在角落各處。

格局分析 ▶ 玄關位置較窄，較不適宜獨立擺放傘架。

櫃體規劃 ▶ 玄關緊鄰電視牆，將櫃體嵌入至電視牆中，並利用抽拉設計隱藏起來，不破壞整體美感。

好收技巧 ▶ 櫃體內分別依雨傘、鞋子規劃了不同樣式層櫃，使用上很清楚方便，拿時輕拉開櫃體便可取出。

細長層格設計，雨傘剛好能卡住。

運用軌道五金，櫃體輕鬆可拉出。

圖片提供 ◎添多利室內裝修

超實用 | Case03

長傘專用櫃，還有專屬排水

屋主需求 ▶ 大門外面不能放傘，下雨回家，雨傘總是得滴滴答答的一路拿到陽台，希望有更好的解決辦法，多數都是長傘。

格局分析 ▶ 推開門就是客餐廳格局，沒有明確的玄關範疇。

櫃體規劃 ▶ 利用入口右側牆面將鞋櫃與電視牆做整合，餐櫃旁規劃寬度約 35 公分的櫃體收納雨傘架，上方更有抽屜與層架，櫃子頂端也有透氣設計。

好收技巧 ▶ 傘架下方的鍍鈦鐵盤以排水管直接接到客浴，省去倒水的繁複。

圖片提供 ◎YUGE 餘玥設計策劃

鍍鈦底盤以內凹導水設計，讓水能順暢地往下流。

超實用

Case04
善用狹窄空間作雨傘收納

屋主需求 ▶ 雨傘好多把，總是東倒西歪的，希望能好好收納。

格局分析 ▶ 善用住家畸零空間作收納儲藏雜物使用。

櫃體規劃 ▶ 靠牆處的窄櫃，規劃做為傘架與工作梯、工具箱等的收納空間，門片設計讓收納更加整潔美觀。

好收技巧 ▶ 雙層吊桿能讓雨傘收納量加倍，桿子高度也可隨需求調整。

雙層吊桿收更多更整齊。

結合工具箱、工作梯好實用。

超好拿

Case05
安全帽也有專屬的家

屋主需求 ▶ 有騎重機嗜好，多為全罩式安全帽。

格局分析 ▶ 室內坪數 20 坪，玄關能自成一格，但用地坪銜接放大空間感。

櫃體規劃 ▶ 白色德國系統櫃滿足重視環保需求，也呼應設計基調。

好收技巧 ▶ 深度達 50 公分的開放格櫃，讓全罩式安全帽能夠適得其所，成為玄關自然裝飾。

50 公分深度，全罩式安全帽也能放得下。

圖片提供 © 光合作用設計

四角裝設 L 型角鐵，強化懸空支撐。

Case06
開放層架隨手一放超方便

屋主需求 ▶ 夫妻倆鞋子並不多，但因為外出多半騎機車，想要有一個好收拿的安全帽放置空間。

格局分析 ▶ 30 坪的 3 房格局，儘量維持原有隔間狀態不做過多調整。

櫃體規劃 ▶ 玄關右側規劃一座懸空式櫃體，加上白色鐵件與木紋的搭配組合，展現輕盈、清爽視覺效果。

好收技巧 ▶ 底部的開放式層架提供安全帽、包包等收納，回家後隨手一放相當方便，最上端的平檯則作為展示使用，中間對開門片才是鞋物收納。

圖片提供 © 合硯設計

可收包包和安全帽

Case07
排風閘門變身雨傘、帽子收納專屬區

屋主需求 ▶ 回家後的雨傘、帽子想要有立刻收放的地方。

格局分析 ▶ 屬於一層一戶的大樓住宅，梯廳的排風閘門不可被遮擋。

櫃體規劃 ▶ 利用排風閘門鄰近的空間，以鐵件拉門搭配鐵網劃設出半開放的衣帽間，鐵網可保有空氣的流通。

好收技巧 ▶ 壁面結合不鏽鋼掛鉤，可懸掛雨傘、安全帽或是外套，外出返家拿取的動線也相當順暢。

掛鉤可收雨傘或外套

鐵網可通風

圖片提供 © 相即設計　攝影 ©Andy's Photography

Chapter **03** 客廳

Part.1

影音、遊戲機等設備好多，視聽櫃該如何設計才能整齊？

設計
關鍵提示

圖片提供 © 壹水空間設計

電視櫃為兼具收納與展示機能的雙面櫃，同時也是分隔空間的媒介。

| 提示 1 |

格柵門片美觀與實用兼備

視聽設備若採用門片收納，好處是美觀不雜亂，但要解決遙控是否方便與機體散熱問題，鏤空的格柵將會是不錯的門片處理方式。如果擔心視聽設備沾灰塵，可設計能收進兩側的隱藏式門片，同時兼具展示與好清潔的功能。

| 提示 2 |

開放式層架散熱效果較佳

通常視聽櫃以木作為主，可以在背板或側板開孔，做為通風循環之用，而內部尺寸則需要比設備大一些，讓上下左右都有透氣及散熱的空間。若考量散熱效果，層板會比櫃子來得好，像是專門放設備的機台櫃，就可以使用開放式層架的方式設計，更利於散熱。（見 P.43）

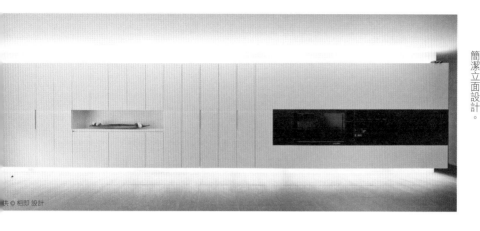

供 © 相即 設計

依照電視高度，劃分出一條黑色地帶收納視聽設備，呈現令人驚艷的簡潔立面設計。

| 提示 3 |
考量遙控問題

　　設計視聽櫃時要配合電器設備的尺寸，先決定好設備的機型、測量尺寸後，再設計與尺寸相符的櫃體，例如要將視聽設備放在電視櫃下方，但又不想外露顯亂，就必須考量散熱和遙控的問題。

| 提示 4 |
視聽櫃每層高度約為 20 公分

　　視聽設備通常會堆疊擺放，因此視聽櫃中每層的高度約為 20 公分，深度則要記得預留接線空間，通常約 50～55 公分，但不得小於 45 公分，承重層板也需要能夠調整高度，以便配合不同高度尺寸的設備。方便移動機器位置的抽板設計，也是方式之一，但要記得若是特殊的音響設備，則需針對承重量再進行評估。

| 提示 5 |
利用電視牆隱藏線材

　　以設計電視牆的方式來隱藏線材，一樣可以避免雜亂的線材裸露，電視牆可以設計成旋轉式的兩面用隔間牆，作為空間切割線，牆面中間還可放置 CD、DVD，隨時拿即可享受影音娛樂，賦予機能性更大的使用彈性。（見 P.42）

| 提示 6 |
內藏或外露都是好收納

　　外露的雜亂線路想讓它藏起來，可設計線槽讓管線隱藏於其中，在視聽櫃裡的管線，則可選擇有色玻璃做為門片材質，以便遮掩管線，但其實也不一定非要藏起來，才叫收納，如果選擇好看一點的管線，再將電線收捲整齊，外露也可以是很美觀的客廳風景。（見 P.45）

| 提示 7 |
視聽櫃寬度至少需 60 公分

　　雖然市面上各類影音器材的品牌、樣式相當多元化，但器材的面寬和高卻不會因此相差太多。視聽櫃中每層的高度約為 20 公分，寬度多會落在 60 公分；深度則會為了提供器材接頭、電線轉圜空間，也會達到 50～60 公分，再添入一些活動層板後，大多數市售的遊戲機、影音播放器等，就都可以收納了。

13個精采
電視櫃設計

鏤空可放鑰匙。

圖片提供 © 虎點子創意設計

 收最多

Case01
連結玄關客廳統合鞋櫃電視櫃

屋主需求 ▶ 非常好客，喜歡邀請三五好友來訪，期望有較大的客廳與餐廳。

格局分析 ▶ 入門後，沒有明確的玄關，直接望見客廳，以木質地板區隔兩者。

櫃體規劃 ▶ 入口玄關櫃與穿鞋椅整合，整面櫃牆長度 8 米、高度 2 米，連結鞋櫃、電視設備櫃，且為懸空設計、在下方打入燈光，營造輕盈感。

好收技巧 ▶ 玄關櫃中間鏤空，便於收納鑰匙等小物，電視設備櫃內有活動層板，能自由調整高度，電視旁的開放式層櫃，便於展示或拿取常用物品。

圖片提供 © 矗點子創意設計

懸空製造輕盈感。

Case02

局部穿透電視牆簡約乾淨

新設電視牆可修飾大樑。

屋主需求 ▶ 屋主為高中老師,有上千本書籍需要收納,想要大一點、簡約的客廳。

格局分析 ▶ 原格局客廳後方有書房,將牆面打掉增加客廳空間,新的電視牆同時也修飾上方大樑。

櫃體規劃 ▶ 客廳右側走道設計長約 5 米書櫃,電視牆簡約貼上磁磚,左側設計穿透性、高度約 240 公分、深度 50 公分的設備櫃,與後方書房書櫃深度一致。

好收技巧 ▶ 穿透性設備櫃則為活動層板,便於屋主隨設備大小調整高度。

設備櫃是活動層板,
可彈性調整高度。

Case03

整合收納、乾淨清爽,
還能將電視藏起來

拉門設計易於收納。

屋主需求 ▶ 小孩年紀小,希望公共空間能遠離3C並擁有大收納。

格局分析 ▶ 設計師以生活定義空間,去除所有隔間,將家裡簡化為睡眠區、互動區、收納區等無隔閡空間。

櫃體規劃 ▶ 由玄關延伸入客廳設計整面收納櫃,整合鞋櫃、書櫃、折疊書桌、電器櫃與電視。

好收技巧 ▶ 櫃寬約 40公分能滿足所有收納需求,並且使用拉門設計較門片更易收納且看起來乾淨清爽,電視不需要時也能好好藏起來。

預留喇叭孔洞，內嵌更好看。

梧桐木皮整合收納門片，視覺更加整體簡潔。

圖片提供 © 相即設計

藏最好

Case04

喇叭內嵌更俐落

屋主需求 ▶ 重視影音享受，需要收納視聽設備的空間。

格局分析 ▶ 客廳無法有多餘的落地櫃空間。

櫃體規劃 ▶ 搭配木工切割出 60×15 公分的長方孔洞露出喇叭，將大部分的機體都收在櫃中，重低音喇叭則規劃放在開放式層板右側。

好收技巧 ▶ 量身訂製各式機組零件的收納，大部分的機體都能藏起來。

圖片提供 © 相即設計

省空間

Case05
電視牆延伸影音設備櫃

屋主需求 ▶ 本身有一些影音設備，想要有基本的收納。

格局分析 ▶ 公共空間為狹長型，適合沿牆面結合收納設計。

櫃體規劃 ▶ 電視牆旁還有一些空間，善加利用後，加上幾道層板，便能創造出簡單又實用的影音設備櫃體設計。

好收技巧 ▶ 收納櫃以開放式設計為主，不再加門片，方便拿取也能助於電器設備的散熱。

圖片提供 © 珥璽雅客室內設計

開放分層規劃，可散熱又能保持整齊。

好方便

Case06
拉門電視櫃簡約有型，找物好方便

屋主需求 ▶ 家裡藏書很多且對於收納很頭痛，希望透過好的收納櫃來解決問題。

格局分析 ▶ 開放式的客餐廳空間，大片落地窗擁有絕佳採光。

櫃體規劃 ▶ 電視櫃以白色及藍色跳色拉門開闔，搭配鐵件裝飾創造懸浮、錯位視覺。

好收技巧 ▶ 櫃體內部深度約 40 公分能滿足大部分的收納需求，而拉門平面式設計不僅找尋物品方便，且輕輕拉起就能回歸清爽。

藍白配色簡約有型。

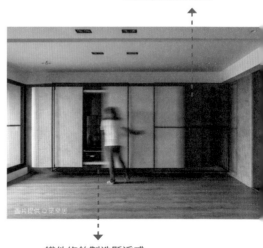

圖片提供 © 采荷居

鐵件修飾製造懸浮感。

Case07
用一面牆創造超強大儲物功能

屋主需求 ▶ 需要有書籍、説明書、小梯子、清潔用品等儲物的功能。

格局分析 ▶ 僅有 16坪的空間，沒辦法做太多櫃體。

櫃體規劃 ▶ 利用電視主牆將所有收納需求完全整合，甚至也一併隱藏臥房門片入口，而最頂端斜天花處隱藏整合吊隱式空調設備、情境設備等機器，開放式大理石紋櫃體則是書櫃。

好收技巧 ▶ 電視右側的長形門片內是放置梯子、各式清潔用品區域，電視牆左側的橫向薄型分割為可放置筆電的支撐板，往上的兩個分割是上掀、下掀門板，可收納印表機、3C設備，變身屋主的行動工作站。

打開上、下掀門板可收印表機。　　　　　　　　可收梯子、清潔用品。

拉出可放筆電。

鉸鍊五金運用，門片好開啟。

省空間

Case08

櫃體嵌入電視牆

屋主需求 ▶ 希望有充足、專屬空間擺放影音設備。

格局分析 ▶ 客廳區有大面牆壁，可從中找適當空間規劃影音設備櫃。

櫃體規劃 ▶ 電視牆側邊規劃了直立櫃，相對瘦長的層格，專門用來放置影音設備，充分利用空間，也與電視牆形成一體成型的效果。

好收技巧 ▶ 封閉式收納設計上，將門片加入鉸鍊五金做接銜接，好開啟、調整設備位置也容易。

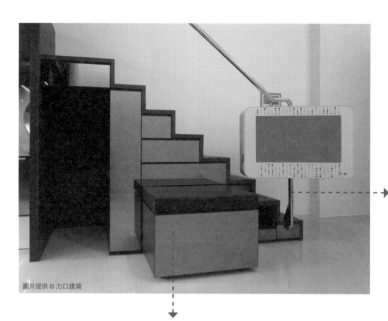

影音線路藏在鏡面鋼管內。

圖片提供 © 力口建築

梳妝椅子也藏在樓梯下。

藏最好

Case09
設備櫃藏在樓梯內

屋主需求 ▶ 房子坪數太小，很擔心做了電視櫃會讓空間更擁擠。

格局分析 ▶ 挑高 3 米 6 的 7 坪住宅，必須利用複合機能作法，解決坪數的限制。

櫃體規劃 ▶ 將影音設備櫃整合在樓梯結構內。

好收技巧 ▶ 樓梯第二個踏階為開放層架，擺放 DVD 播放器，線路預留在踏階至不鏽鋼軸心，解決線材的凌亂。

圖片提供 © 力口建築

Case 10
集中收納機能，不佔空間

屋主需求 ▶ 在小坪數空間中，希望能同時具有客廳、書房和祈禱室的多重機能。

格局分析 ▶ 空間僅有 15 坪大，將客廳置於空間中心，刻意斜放與餐廚區劃分界線。

櫃體規劃 ▶ 書櫃和電視櫃選用相同的白和設計語彙，兩者連成一氣，形成完整的連續立面。轉折處也不放過，做滿收納機能。

好收技巧 ▶ 量身訂製的書櫃善用五金，可隨時收起的掀板可當作書桌使用，不佔空間，讓客廳也能擁有書房的機能。

圖片提供 © 摩登雅舍室內設計

斜牆設計劃分空間。

Case 11
雙面視聽櫃提升坪效

屋主需求 ▶ 只看隨選頻道，希望可以自行輕鬆更換影音設備。

格局分析 ▶ 收納展示櫃皆環繞在房間外側，整合在同一個量體區塊。

櫃體規劃 ▶ 電視牆與後方臥房衣櫥共同使用同一木作櫃體。

好收技巧 ▶ 視聽設備收納採開放設計，使用與更換皆方便。

圖片提供 ©FUGE 馥閣設計集團

設備櫃背後即衣櫃，更省空間。

懸吊立方體可展示也是扶手。

Case 12
創造景深與一物多用的通透立方體

屋主需求 ▶ 熱愛旅行的屋主收藏的旅遊回憶點滴，轉化成為空間點景主題。

格局分析 ▶ 8 坪小宅，以複層概念往上下延伸，擴展成 13 坪的空間尺度。

櫃體規劃 ▶ 連結上下層的樓梯台階做成可隱藏雜物的抽屜櫃，並延伸第一踏階成為客廳視聽收納。

好收技巧 ▶ 層疊的方格立方體，以鐵件結合網格與玻璃立板打造而成，穿透材質具景深效果，同時網格與玻璃板可隨意更改換位置，方便日後調整不同尺寸的物品收納。

圖片提供 © 質覺制作 Being Design

網格與玻璃板可更換位置。

圖片提供 © 質覺制作 Being Design

選用巴士門軌道可讓門片平移。

圖片提供 © 相即設計　攝影 ©Andy's Photography

超隱形

Case 13
平移門片把電視牆隱形化

圖片提供 © 相即設計　攝影 ©Andy's Photography

屋主需求 ▶ 觀看電視的時間不多，平常沒使用的時候希望可以收起來。

格局分析 ▶ 玄關進來就是客餐廳，須滿足櫃體機能又得避免過於壓迫。

櫃體規劃 ▶ 利用 10 米寬的牆面規劃電視櫃與鞋櫃，弧形導角設計加上胡桃木色調鋪陳，傳達既溫潤又穩重的氛圍，懸空底部也鋪飾烤漆玻璃，藉由產生延伸地坪的錯覺。

好收技巧 ▶ 電視櫃選用巴士門五金，平移就能把門片闔起，立面簡潔俐落，兩個櫃體之間也加入展示層架，增添變化與層次。

Chapter 03 客廳

Part.2

旅行紀念品、收藏品，還有哪些展示的方式？

設計 關鍵提示

圖片提供©樂湁設計

|提示 1|

可掀門片隨性藏起或展示

面對收藏品的收納，透過魔術空間的概念，可選擇在公共空間，利用可掀式門片方式，讓心愛收藏隨心意隱藏或展示，成為屋主充滿驚喜的秘密基地。

|提示 2|

淺層平台有利於小物展示

若收藏以紀念品小物為主，過深的收藏櫃不僅拿取不易，更會讓後方的物品無法被欣賞，所以較淺的展示平台搭配可開啟的玻璃門片，就能輕鬆兼顧清潔與展示雙重功能。（見 P.56）

© 相即設計

利用三種顏色銜接的櫃體，寬面的量體擴大了展示空間，搭配活動式層板，讓使用者能隨時調整。

| 提示 3 |

開放與封閉櫃體穿插降低壓迫感

在統一紋理的櫃體面板下，透過封閉與開放櫃體的交錯使用，不僅減輕大片收納量體的沉重壓迫，更方便屋主隨心意展示或收藏，變化居家不同面貌。（見 P.59）

| 提示 4 |

依開放或密閉式展示品性質而定

展示品可分為收藏性和日常使用性兩大類，如果是收藏性展示品，因不需要經常拿進拿出，適合以密閉卻有玻璃透視的展示效果，同時還有防塵清潔的作用。如果是日常性的展示品，例如杯盤器皿等，因為時常會使用，建議以開放式設計便於拿取。（見 P.54）

| 提示 5 |

高度要比展示品高一點才好拿取

展示櫃的外觀除了門片之外，也可在中間設計櫥窗，可不定期選出一件作為展示焦點，突顯收藏品的價值，其他則可收到櫃中；內部可設計層板或抽屜，無論是哪種設計，記得高度都要比展示品再高個 4～5 公分，才能讓手方便拿取，若使用層板，兩旁可多鑽一點洞，方便層板變換高低，以因應不同收藏品。

| 提示 6 |

鹵素燈易造成收藏品變質、褪色

傳統金屬鹵素杯燈的溫度及紫外線較高，可能會對收藏品造成變質及褪色的傷害，如果預算許可，建議選擇 LED 或光纖做為光源的照明方式，櫃內也可預留供防潮棒使用的電源，以便除濕、保護收藏品不受潮。

| 提示 7 |

玻璃五金兼具展示與防塵功能

若擔心展示的收藏品沾染灰塵或摔破，最簡便的方式就是加裝玻璃門，目前市面上的玻璃五金種類繁多，有框或無框、緩衝鉸鍊、軌道、把手、防塵邊條等，可供不同的需求及喜好做選擇。（見 P.57）

| 提示 8 |

收藏品收納不要侷限在櫃子裡

先了解收藏品的長相、大小、形狀及想擺放的位置，收藏品需要被展示，但不一定非得用櫃子收納，可以分散陳列，融入生活中各角落，例如相框和公仔、模型就很適合放在一起，展示效果更有生活感。而放在展示櫃中的收藏品也不是只能排排站，可以嘗試交錯擺放，製造不對稱的美感。（見 P.65）

用進退面做出櫃子的立體感。

活動插銷側邊是橡膠可卡住滑雪板也提供保護。

20個精采
展示櫃設計

圖片提供 © 方構制作空間設計

好拿取

Case01
將冬季追雪風景掛上牆

屋主需求 ▶ 熱愛滑雪，且持有證照的業餘滑雪教練，需收納擺放體積不算小的滑雪板與各種雪具。

格局分析 ▶ 空間左右都有大面開窗，不希望太多或分散的櫃體遮蔽採光，因此在右側設計了深度較淺的展示牆，其他收納則集中在左側區域補足。

櫃體規劃 ▶ 大門入口為中心，兩側以淺灰作出對應、平衡色塊，右側薄板牆運用活動插銷做成展示區，左側則運用進退塊面分割，打造出立體感的收納櫃。

好收技巧 ▶ 展示板每排間距約 27 公分，是依照滑雪板寬度量身打造，黑色活動插銷，採用消音門檔為材，側邊橡膠可卡住滑雪板又能提供緩衝保護。

圖片提供 © 方構制作空間設計

雙機能

Case02
虛實交錯的轉角展示櫃

屋主需求 ▶ 希望客廳能以俐落方式展現出特色。

格局分析 ▶ 客廳沙發背牆亦為該空間的視覺焦點。

櫃體規劃 ▶ 開放式層板交錯設有同材質門片的收納櫃格；櫃體的立面分割，本身就極具裝飾趣味。

好收技巧 ▶ 頂到天花的落地櫃牆，將挑高立面均分成六層；櫃體的深度與高度都便於容納大型書籍或小型藝品。

垂直的紅色滑梯暗示立面的挑高優勢。

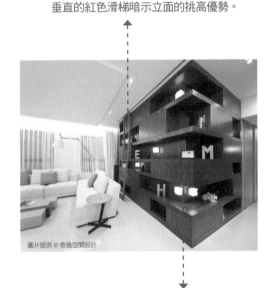

圖片提供 © 奇逸空間設計

立面封以同色門片之處為收納櫃。

超精緻

Case03
無痕工法提升玻璃櫃質感

屋主需求 ▶ 從世界各地收集不少馬型塑像，希望能打造專屬的展示空間。

格局分析 ▶ 將餐廚用具配置在廚房，餐廳的牆用來展示屋主收藏。

櫃體規劃 ▶ 選用無痕的特殊工法來黏合由透明玻璃構成的展示格。

好收技巧 ▶ 開放式格架由長寬比例為1：1或1：2的展示格所組成，屋主可在每個格子裡隨意放置不同尺寸或不同組合的小雕像。

透明玻璃降低色彩與材質的干擾。

圖片提供 © 奇逸空間設計

沖孔金屬提升精緻質感。

圖片提供 © 甘納空間設計

超美型

Case04

房型展示櫃呼應窗框造型

屋主需求 ▶ 屬於夫妻偶爾到訪的渡假屋，希望畫面更加簡潔無壓。

格局分析 ▶ 公共場域為開放式多窗設計，窗框皆為方形、視覺稍嫌死板。

櫃體規劃 ▶ 用圓拱形修飾原始窗框，同時利用圓弧沖孔金屬薄櫃、房型壁櫃相呼應，豐富空間中的設計語彙。

好收技巧 ▶ 由於渡假屋的雜物收納需求較低，設計師用造型開放式層架搭配外開金屬薄櫃，方便屋主簡單放置小物。

圖片提供 © 甘納空間設計

超美型

Case05
鏤空鐵件建構普洱茶收納架

屋主需求 ▶ 需要有普洱茶、黑膠唱片的展示空間。

格局分析 ▶ 房子為長向空間，若規劃封閉櫃體會讓客廳顯得更窄。

櫃體規劃 ▶ 以鐵件做櫃體骨架，利用黑玻規劃腰帶處的門片雙開櫃。

好收技巧 ▶ 鏤空式鐵件收納架減輕量體壓迫，開放式層架規劃剛好可提供屋主展示普洱茶、茶具、黑膠唱片等收藏。

等距切割造型更優美。

圖片提供 © 相即設計

超藝術

Case06
收藏品也是可更動畫作

屋主需求 ▶ 要能方便隨時更換收藏品，以及保持乾淨。

格局分析 ▶ 原本放在電視牆旁的玻璃櫥窗，容易積灰塵、展示種類有限。

櫃體規劃 ▶ 大小不一的方格展示收藏，並以簡約的歐式畫框裝飾。

好收技巧 ▶ 上方畫框展示格為玻璃門片設計，不僅簡單保持潔淨，也可隨時更換不同收藏；其它的收藏品則收於下方櫃體中。

玻璃門片，可隨時更換收藏品。

圖片提供 ©FUGE 馥閣設計集團

超美型 | **Case07**
多功能櫃牆

屋主需求 ▶ 老屋翻新，希望打造出明亮又舒適的空間；並讓樓上樓下的空間感一致。

格局分析 ▶ 利用二樓廊道的閒置凹牆配置造型櫃，櫃體可收納又可展示。

櫃體規劃 ▶ 混合不同尺度的櫃子與展示格。利用櫃格的不同深度及虛實相間的配置，營造出活潑的立體感。

好收技巧 ▶ 最小深度為 35 公分，便於儲放書籍。深 45 或 60 公分之處，加上櫃子者可存放雜物，其餘則自由運用，即使空著也很好看。

圖片提供 ◎ 奇逸空間設計

較淺的深度適合擺書或小型裝飾。

超美型 | **Case08**
造型鐵件隨興就能擺出生活感

以規律正方做出比例分割增加變化性。

屋主需求 ▶ 預算有限，但希望有陳列與書籍收納的機能。

格局分析 ▶ 公共場域屬於長形結構，玄關至電視主牆的跨距大。

櫃體規劃 ▶ 為兼具預算與視覺上的美觀，主牆以木作櫃搭配鐵件做出對比反差效果，層架選用玻璃層板凸顯輕量透感。

好收技巧 ▶ 以規律的正方造型做出不同比例分割的變化，壁面懸掛畫作時，鐵件有如畫框般創造出立體層次感，白色粉體烤漆的搭配也更多元。

圖片提供 ◎ 木介室內設計

白色鐵件清爽也俐落。

鐵件輕薄也具有高承重性。　　　　拱門、層板創造通透引光效果。

圖片提供 © 甘納空間設計

高機能　Case09
拱門造型轉角櫃

屋主需求 ▶ 屋主擁有眾多 Marimekko 餐瓷與迪士尼收藏,希望能展示出來、融入室內設計之中。

格局分析 ▶ 住家為單面採光,若將臥房隔起,餐廳區將顯得陰暗逼仄。

櫃體規劃 ▶ 鐵件櫃利用拱門、層板造型延伸、包覆臥房牆面,打造 L 型白色鏤空輕盈量體,巧妙引光入室。

好收技巧 ▶ 利用鐵件輕薄、高載重特性,穿插鏤空設計,塑造巨大量體的輕盈感;充足層板則提供女主人發揮佈置巧思,打造專屬風格牆面。

圖片提供 © 甘納空間設計

高機能

Case 10
120 度轉角櫃拉大空間視覺

屋主需求 ▶ 三位成人共享小坪數住家，除了充足收納外，更要有開闊視覺感、減輕空間壓迫。

格局分析 ▶ 23 坪老屋空間有限、樓高低矮。

櫃體規劃 ▶ 木作與鐵件組成一體成型的轉角開放櫃體，以 120 度轉角引導視線、巧妙放大全室空間感。

好收技巧 ▶ 隨手可收、放的層架櫃，隨著動線延伸，書籍、相機、鋼琴皆隨手可得，輕巧而簡潔，闡訴生活的輕鬆隨性氛圍。

120 度轉角設計巧妙放大空間感。

圖片提供 © 甘納空間設計

圖片提供 © 甘納空間設計

預留深度可完美收納電子琴。

Case 11
加強層板結構提升耐重性

鐵件以植筋結構強化支撐性。

屋主需求 ▸ 喜歡收藏茶具杯子、模型公仔,希望能完整展示出來。

格局分析 ▸ 有別於一般住宅進門後多半為客廳,此案玄關左側是廚房與吧檯,回家後印入眼簾的便是餐廳。

櫃體規劃 ▸ 由玄關的鞋櫃櫃體延伸至餐廳區域,整合不同形式的收納系統,半腰櫃體與開放層架,甚至也將電子琴予以收整。

好收技巧 ▸ 鐵件層板每層高度約 35 公分左右,層板下再增加鐵板強化支撐性,鐵件也以植筋方式與牆面結合,展現輕量又耐重的特性。

Case 12
有機線條鐵件讓陳列更生活化

鐵件線條採前後錯落,形體更為自然有變化。

圖片提供 ©SOAR Design 合風蒼飛設計＋張育睿建築師事務所

屋主需求 ▸ 一些收藏的傢飾物件需要有擺放的地方。

格局分析 ▸ 為一般公寓住宅,透過展示架將公、私領域做出區隔。

櫃體規劃 ▸ 以鍍鈦生鐵展示架達到兼具陳列與通透性的功能,鐵件與天地的接合需鎖於結構面上,確保承重穩固。

好收技巧 ▸ 鐵件展示架以自然有機形體概念為設計,前後錯落的線條排列,讓空間產生自然的劃分之外,也扣合全室天然材料的鋪陳,層板同樣採隨機配置,讓收藏物件的陳列更具生活感,而非規矩呆板的呈現。

好拿取

Case 13
排列長短層板展現多變樣貌

屋主需求 ▶ 想在客廳中有展示裝置飾品的空間，以及孩子不易隨意取物的收納櫃。

格局分析 ▶ 客廳的格局方正，沙發後方有足夠的牆面與空間，能作為收納、展示櫃。

櫃體規劃 ▶ 從長到短依序排列白色層板，並加入黑色擋板展示物件，下方櫃體高度為75公分以上，以防孩子拿取物品，左邊為弧形收納櫃。

好收技巧 ▶ 展示層板加入擋板，能輕鬆間隔展示物，也便於拿取替換，櫃體最下方有大抽屜，可以收納孩子玩具，白色高櫃，最下層為140公分高，可收納行李箱等。

檔板可以拿取更換。

圖片提供 © 構設計

大抽屜可以收納孩子的玩具。

顯層次

Case 14
鐵件吊櫃創造陰影，增添視覺層次

屋主需求 ▶ 屋主喜歡鐵件的俐落視覺，並希望客廳有擺放展示收藏的空間。

格局分析 ▶ 客廳不大，沙發如果靠牆擺放容易讓空間顯得沒有層次。

櫃體規劃 ▶ 沙發不貼牆留約 20～30 公分，並在後方天花設計鐵件吊櫃。

好收技巧 ▶ 台灣較潮濕，沙發不靠牆能避免發霉，鐵件吊櫃除了能擺放收藏，還能創造陰影，增加客廳視覺尺度。

鐵件展示增加視覺層次。

圖片提供 © 築樂居

高機能

Case15
玄關入口處兼具展示收納

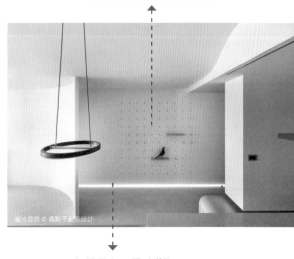

洞洞板可靈活增加層板陳列。

照片提供 ◎ 蟲點子創意設計

燈帶具有視覺引導作用。

屋主需求 ▶ 玄關避免一入門見客廳的風水問題，也希望入口處能有靈活多功能的牆面。

格局分析 ▶ 玄關為狹長形空間，入門後正對客廳，以弧形牆面化解風水，側牆則運用洞洞板。

櫃體規劃 ▶ 從玄關至電視牆延伸弧形牆面，側邊的洞洞牆總長度約 5 米、高度 2 米，地板加入燈帶，以引導視覺。

好收技巧 ▶ 能靈活佈置、使用玄關入口處的大面洞洞牆，可以隨意吊掛雨傘、外衣等物品，也能隨裝飾品大小調整展示間距。

超好放

Case16
床頭板局部內凹展示框景

不同尺寸增添活潑的立面變化性。

照片提供 ◎ 蟲點子創意設計

木質床頭板賦予溫暖氛圍。

屋主需求 ▶ 臥室空間衣物收納櫃已足夠，希望床頭板能有其他用途，不要只是一面牆。

格局分析 ▶ 主臥與客廳連接，隔間牆刻意留出窗邊廊道動線，營造出穿透感，床鋪後方則為浴廁，以拉門方式創造更衣室空間。

櫃體規劃 ▶ 衣物收納量需求大，右方設計一整面頂天的高櫃，床頭前方為了增添立面表情，在木質床頭板設計展示用格櫃。

好收技巧 ▶ 床頭板以跳格的方式，局部設計大小、方向不同內凹的長方形櫃格，以便於展示多元樣貌的蒐藏品，增添牆面趣味。

超靈活

Case 17
洞洞板靈活展示各式物件

化解開門見灶的風水禁忌。

圖片提供 © 蟲點子創意設計

屋主需求 ▶ 玄關入口處雖本來就有道牆，化解入門見灶風水問題，希望牆面不單只是牆。

格局分析 ▶ 入門後，一眼立即正前方的白色洞洞板展示牆，以擋住後方開放式廚房。

櫃體規劃 ▶ 使用彈性較靈活的洞洞板，並特別選用白色，以與整體空間語彙呼應，若不展示物件，本身也是一面有造型的端景。

好收技巧 ▶ 為了讓牆面調性與空間一致，大面積使用洞洞板包覆整面牆，高度約 2 米 4、寬度 2 米，讓屋主可以隨心所欲展示物件。

選用白色與整體空間呼應，也是一面端景。

好拿取

Case 18
吉他小提琴兼具展示收納

層板可收納 CD。

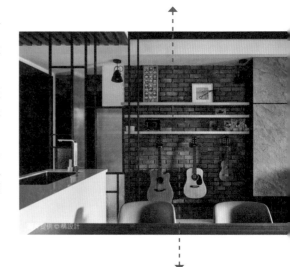

圖片提供 © 構設計

屋主需求 ▶ 一家四口皆在學音樂，需要有專屬拿取便利、收納吉他、小提琴的空間。

格局分析 ▶ 灰色石紋的電視櫃從客廳延伸至餐廳牆面，運用至廚房、餐廳的空間設計展示、收納牆。

櫃體規劃 ▶ 在餐廳前的牆面，下方刻意留出高度 140 公分、寬度 120 公分空間，於牆上鎖上掛架，上方第一層板刻意留出較高的高度，下兩層高度較低。

好收技巧 ▶ 精算過樂器大小，讓兼具收納、展示的牆面，可放置 2 把吉他、1 把小提琴，上方高度較低的層板，便於屋主收納 CD 片，最上層則可以擺放一家人照片裝飾。

預留高度 140 公分懸掛吉他和小提琴。

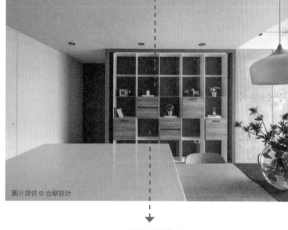

抽屜可以彈性調整位置使用。

超美型

Case 19
層架與抽屜交錯搭配增添靈活變化

屋主需求 ▶ 想要有放置旅行紀念品的展示空間，喜歡開放式設計，但又怕有孩子難以維護整理。

格局分析 ▶ 屬於三層樓的透天式住宅，一樓主要作為公共廳區使用，二三樓則是私密領域。

櫃體規劃 ▶ 利用通往上層的樓梯處規劃一道頂天立地的櫃體，同時劃設出樓梯動線，展示櫃右側的門片其實也隱藏了儲藏室。

好收技巧 ▶ 展示櫃體以白色鐵件打造，配置了數個 45*45公分一致的格狀層架，搭配四個木盒可置入層架一起使用，讓屋主可以彈性變更位置，木盒就能收比較凌亂的物品。

圖片提供 © 合砌設計

鐵件結構讓量體輕盈又俐落。

深度 50 公分可放各種杯子。

好拿取

Case 20
展現城市馬克杯的沉穩與簡練

屋主需求 ▶ 一家三口舉凡出過都會購買一個城市馬克杯，需要展示蒐藏杯子的空間。

格局分析 ▶ 家中開放式的餐廳，右手邊牆面內凹，如同壁龕，左半邊則是客廳。

櫃體規劃 ▶ 將內凹空間規劃為展示馬克杯的空間，餐桌正前方為白色矮餐櫃。

好收技巧 ▶ 杯子展示櫃深度為 50 公分，便於擺放不同大小的杯子，白色矮櫃則能收納客餐廳各式雜物。

圖片提供 © 構設計

白色矮櫃適合收納客餐廳雜物。

Chapter 04 餐廳＆廚房

Part.1

餐具杯子放在廚房真不方便，餐櫃如何設計才能順手好拿？

設計關鍵提示

照片提供 © 甘納空間設計

牆面上切割三個帶狀開口，正好作為中島吧檯收納杯子，也成為居家裝飾的一部分。

| 提示 1 |
用薄抽屜收納刀叉等小物件

餐櫃裡會有刀、叉、筷子及大大小小的湯匙等，體積小但種類多的小物件，適合以薄抽屜配合抽屜內的可調整式分隔配件來收納，讓所有器具一目了然且方便取用。（見 P68）

| 提示 2 |
深抽屜適合收納尺寸不一的物件

餐墊、紙巾、碗、盤、咖啡杯、茶具、茶罐等，這類尺寸不一的物件，則可設計較深的抽屜，或在內部利用活動層板調整收納空間，若是餐櫃不打算設計抽屜，則櫃體深度不宜太深，以免放在內側的物品拿取不方便。

| 提示 3 |
使用頻率低的物件放下櫃

餐桌裝飾的相關物品，如燭台、餐桌巾等，也需要收納於餐櫃內，有些會在特別時刻擺設，如燭台，有些則需要替換使用，如餐桌巾，這類物件因為使用頻率較不高，收納空間通常以下櫃為主，但為了避免損壞或弄髒，最好先行裝盒再收納至櫃中。（見 P.73）

圖◎福研設計

餐櫃設計上下兩段，下方八格大抽屜利用抽中抽設計出三種不同高度，可依物件尺寸分類收納。

|提示 4|

分格規則以自己順手為優先原則

　　餐櫃抽屜中的分格並無特定的規則，應以取放順手為主，是否美觀並非主要重點，正因為使用習慣不同，所以別人的排列規則並不一定適合自己，最好能依照自己的喜好搭配組合，才能符合自己的使用風格。

|提示 5|

用拼「拼圖」的概念組合適合尺寸

　　抽屜內的收納配件設計，也要以人體工學的角度出發，舉例來說，某些品牌的配件尺寸，會以人雙手張開的長度168 公分為基礎加以變化，可分為 84 公分（84×2 ＝ 168）、56 公分（56×3 ＝ 168）、42 公分（42×4 ＝ 168）等，這樣的尺寸組合使用起來會感到舒適與順暢，使用者就能依照物品和使用習慣，選擇尺寸拼出屬於自己的「收納拼圖」。

|提示 6|

整片玻璃門片兼具好拿、展示功能

　　會為收納餐具、杯盤而苦惱的人，想必是很喜歡購買這些物品，把它當作一種興趣和收藏，所以餐櫃的功能不只是擺放而已，還必須兼具展示，建議門片可採用整片玻璃，不但在拿取時能清楚看到，視覺上也整齊美觀，才能讓這些餐瓷像藝術品般被展現。此外，有門片的餐櫃會比開放式層架來得好，也不用擔心跌落摔破。

|提示 7|

分類→考量使用頻率→歸位

　　想要讓餐具變得好拿，第一步請先將不同功能的碗盤分類，如麵包碟放一起、中型的湯盤放一起、大型的盤子放一起、宴客專用的放在一起，分類好之後再依照使用頻率和大小歸位。（見 P.72）

|提示 8|

雙面餐櫃收納更好用

　　開放式廚房通常與餐廳相鄰，收納櫃可利用雙面開設計，讓兩個區域都能使用。挑選同一種類或是別具造型的色彩小物，用吊掛或開放層板方式呈現，令廚房用品除了基本功能更具備裝飾的效果。

9個精采餐具櫃設計

雙功能 Case01
薄型抽屜收納刀叉碗筷

圖片提供 © 奇逸空間設計

屋主需求 ▶ 希望平時用餐能觀看電視，偶爾會在自家舉辦餐會招待親友。

格局分析 ▶ 餐廳與廚房之間略有距離。

櫃體規劃 ▶ 利用凹牆配置無把手的白色落地櫃。

好收技巧 ▶ 電視下方的兩道薄型抽屜，可就近收納日常使用的刀叉碗筷；外拉式抽屜便於物品排列整齊，一目了然又順手。

薄型抽屜的抽頭，拉出來就能放餐具。

雙功能 Case02
櫃體嵌入桌子裡

屋主需求 ▶ 擁有基本餐具杯盤收納的同時，也要將它們展現出來。

格局分析 ▶ 餐廳區緊鄰起居室，再多設置一個餐具杯盤櫃較不適宜。

櫃體規劃 ▶ 善加利用餐桌厚實的桌腳空間，將櫃體與餐桌整併在一起，再利用玻璃與木層板做表現，物品獲得收納也輕鬆展現出來。

好收技巧 ▶ 加入玻璃門片，既不會掉落出來，也不用擔心行走時碰撞到而破壞，門片上加了五金把手，增加開啟便利性。

圖片提供 © 摩登雅舍室內裝修

玻璃門片加把手，避免干擾行走碰撞。

Case03

依照動線設計，好拿又好收

多容量的紅酒櫃。

屋主需求 ▶ 希望能有開放式廚房以及中島吧檯。

格局分析 ▶ 空間坪數小，透過打掉廚房隔間創造開闊視野。

櫃體規劃 ▶ 餐廚空間設置中島延伸的餐桌，並於牆面收整紅酒櫃、餐具櫃和流理臺，將空間利用到極致，又不會造成凌亂感。

好收技巧 ▶ 中島設有電陶爐並在下方設計鏤空處可收納泡茶器具，流暢動線讓日常泡茶動作更為簡單。

圖片提供 © 拾隅空間設計

收納泡菜器具。

加入燈光烘脫陳列美感。

機能強

Case04

不只收餐瓷器皿，還能陳列收藏

屋主需求 ▶ 家裡有一對夫妻與兩個孩子，希望在櫃體上融入大人與小孩的喜好與生活態度。

格局分析 ▶ 希望公領域營造出開闊無礙，因此善用通往廚房的兩側壁面，創造收納機能。

櫃體規劃 ▶ 櫃內收藏餐瓷器皿等用具，開放的展示區陳列屋主的收藏，同時利用彈性的洞洞板門片作為廚房入口與書櫃門片。

好收技巧 ▶ 收納立面以木作打造，展現堅固特性，利用層板、抽屜的收納方式，不僅拿取方便，也滿足視覺美感。

圖片提供 © 爾聲空間設計

收最多

Case05
餐具藏進獨立吧檯

屋主需求 ▶ 空間小但有餐具、杯盤收納之必要。

格局分析 ▶ 廚房為開放式，一旁仍有剩餘空間可規劃收納。

櫃體規劃 ▶ 廚房旁利用木作加設了一個獨立式吧檯，下方則是利用抽拉式五金，規劃出多個收納抽屜，解決置物需求。

好收技巧 ▶ 收納以抽屜式為主，分別設計大不同尺寸的款式，可隨物品決定擺放位置，既可收放好也不同擔心灰塵干擾。

圖片提供 ◎ 摩登雅舍室內裝修

不同高度的抽屜，可收納各種餐具。

好質感

Case06
古典語彙讓餐櫃更精緻

屋主需求 ▶ 有收集杯子的嗜好，希望有收藏品有展示空間，以及餐廚區明亮開闊。

格局分析 ▶ 開放式餐廚面積、機能足夠，且餐桌後方另有獨立中島可作彈性運用。

櫃體規劃 ▶ 用格櫃及層板創造餐具收納，也藉多元分割手法輕巧櫃體。

好收技巧 ▶ 格櫃及層板設在櫃下，深度也內縮為 35 公分，一來有深淺層次、取用方便，也能成為用餐時的視覺端景。

內縮的格櫃及層板成為餐廳端景。

圖片提供 ◎ 商橪設計

餐桌可分三段拉出使用。

圖片提供 ◎ 方構制作空間設計

木作櫃內收料理用具和鍋具。

擴充性 ▶ Case07

小變大！延伸開展的中島收納桌

屋主需求 ▶ 喜歡在家做菜、招待親友聚會，尺度開闊的大廚房搭配中島，更能符合生活需求。

格局分析 ▶ 原客廳與餐廳採光不足，在客變時將格局大幅變動，除了衛浴之外其餘全改為無隔間的開放式，空間重心以餐廳中島為中心。

櫃體規劃 ▶ 中島倚在柱狀管道間旁，以三層結構打造而成（人造石、黑色礦物塗料平台、底下搭配木工烤漆櫃體），木作櫃內可收納料理用品、鍋具與櫥下濾水器。

好收技巧 ▶ 中島的黑色礦物塗料平台與餐桌連成一氣，搭配特殊五金，將餐桌設計成可分三段尺寸拉出的延伸桌。

好拿取

Case08
訂製中島茶葉罐吊櫃

屋主需求 ▶ 閒暇時常在家品茗小酌，偶爾還會招待客人，不同尺寸的器具都得妥善安置。

格局分析 ▶ 中島位於客、餐廳、和室中心，肩負茶葉與酒收納、輕食調理、器具清潔機能。

櫃體規劃 ▶ 大理石中島檯面對應全室木紋理，延伸自然況味，吊櫃設計活用樓高空間，豐富此處收納層次。

好收技巧 ▶ 吊櫃供存放茶葉罐、茶缸等較大型容器，中島下方則收納酒類、茶壺等瓶瓶罐罐，分類一目了然，日常使用更便利。

善用樓高規劃吊櫃。

圖片提供 © 甘納空間設計

圖片提供 © 5T design studio

↓

懸空設計讓櫃體更
輕盈。

▼
▼

大容量

Case09

隱藏式餐具櫃讓收納更
井然有序

屋主需求 ▶ 收藏各式各樣的餐具，希望家可以
好整理，不需要太多時間打掃。

格局分析 ▶ 入口以一道牆劃設出玄關、公領域
區域。

櫃體規劃 ▶ 利用餐廳一側壁面打造懸空式櫃
體，選用水泥紋理的系統板材，搭配大量的白
色基調，扣合屋主偏愛的簡約低調色彩，懸空
櫃體則創造輕量感，也便於打掃清潔，櫃體分
割細膩地以大樑為軸線，降低視覺凌亂。

好收技巧 ▶ 懸空式餐具櫃深度約 35 公分，內
部搭配層板使用，方便屋主收納各式各樣的碗
盤餐具形式。

圖片提供 © 5T design studio

Chapter 04 餐廳＆廚房

Part.2

烤箱、咖啡機放在檯面好亂，電器櫃能完美隱藏嗎？

設計 關鍵提示

圖片提供 ©FUGE 馥閣設計集團

電器櫃以灰色烤漆拉門的門片設計，搭配燈光投射，讓屋主使用的設備具有展示機能，擔心過於凌亂亦可遮掩。

| 提示 1 |

設計低於 90 公分的平台置放

　　若沒有專用的電器放置區，微波爐或小烤箱一般都習慣放在廚房或餐廳的檯面上，熱菜、烤吐司都較為順手使用，然而這類純粹機能性的物品若收納不當，常會讓空間看起來擁擠而雜亂，建議可將高度降低到檯面以下，也就是低於 90 公分，減少視覺上的存在感，或是加裝上掀的櫃門，不使用時隱藏起來即可。

| 提示 2 |

複合式平台好收又好用

　　會產生蒸氣的小家電，像電鍋、熱水瓶等，並不宜放在櫃子裡，建議可在餐櫃中間設計內凹的平台，並內藏活動式餐桌，不但解決了這類家電用品的收納，還多出一個備餐台和餐桌可使用。

| 提示 3 |

活動屏風成家電櫃的機能裝飾

　　家電櫃的規劃，中段檯面是使用最頻繁的家電料理區，可補充工作光源解決

圖片提供 © 禾光室內裝修設計

冰箱、烤箱設備整合在一整面的廚具內，使用仿實木質感門片，讓機能櫃體與空間木感風格相呼應。

照明不足問題，再輔以造型屏風拉門作為遮蔽與裝飾。另外 90 公分檯面下方第一排為黃金收納區，可將常用的烹飪工具、保鮮膜等東西規劃在這裡，提升使用效率。（見 P.86）

| 提示 4 |
精準尺寸有助於內嵌收納

要將烤箱、咖啡機、微波爐等小家電都隱藏起來，要預先了解精準的尺寸，利用內嵌的方式，用抽盤、門片方式達到隱藏與好使用兩種需求，無線路外露更顯美觀。（見 P.76）

| 提示 5 |
白色鋼烤是機櫃最佳背景色

預先了解使用廚房家電尺寸與數量，整合規劃在順手的電器櫃中。為了確保使用方便，開放層板是最實際的方式。再選用純白櫃體當主色，讓空間具備輕盈的視感，順帶也能減輕各式機體所帶來的雜亂感受。

| 提示 6 |
全隱藏收納適合少開伙家庭

少開伙的住家可拉大輕食區比例，簡化熱炒空間。因為烹調機會少，全收於櫃中的方式是可行的，全隱藏與內嵌讓廚房外顯空間更顯整潔。

| 提示 7 |
內嵌隱藏手法打造整體視覺

建議採用內嵌隱藏方式會讓視覺更加有一體性。例如選擇廚房專用的不鏽鋼收納箱將各式小家電藏起來，不鏽鋼防潮材質與抽風機能讓使用與清潔更加便利，輕鬆達到視覺美觀效果。（見 P.79）

| 提示 8 |
注意散熱問題

假如遇到像電鍋和飲水機等體積變動較大，並有蒸氣問題的家電，建議做成抽拉盤提高收納，或是上方作開放式設計，以降低蒸氣對板材的影響。（見 P.81）

11個精采
電器櫃設計

收最多

Case01
結合櫥櫃電器櫃與雜物櫃

隱藏式設計更顯簡約俐落。

屋主需求▸ 家用電器、鍋碗瓢盆多，並且需要兩個流理槽，區隔不同用途洗滌區。

格局分析▸ 老屋整體為ㄴ字型格局，廚房與餐廳連結，兩者屬於狹長型的空間。

櫃體規劃▸ 由於為狹長型空間，因此將廚具用品櫃、電器櫃、連結玄關的雜物櫃，整合於長度約56米的牆面，流理槽上方則設計吊櫃。

好收技巧▸ 電器櫃為開放式設計，便於靈活使用家電，其餘櫃體考量廚房油污、灰塵因素，以封閉式門板避免清潔困擾。

圖片提供 © 蟲點子創意設計

上掀式門板預留插座使用電器。

圖片提供 © 蟲點子創意設計

抽板五金，方便清潔層架。

雙機能 Case02

吧檯桌兼電器用品櫃

屋主需求 ▶ 想要有專門的電器櫃收納各式家電。

格局分析 ▶ 廚房格局略小，僅能透過整合將櫃子規劃與空間。

櫃體規劃 ▶ 規劃一道吧檯設計，並在內側做了收納櫃，深度約 30 公分，適合用來放置電器用品。

好收技巧 ▶ 層架中加入抽板式五金，只要輕拉就能將電器給推出來，就算要清潔也很方便。

好便利 Case03

巧妙延伸收納並串聯空間

屋主需求 ▶ 餐廚空間太小，需擴增餐廚區域的收納與用餐空間。

格局分析 ▶ 需與另一空間重疊使用，解決餐廚空間不足的問題。

櫃體規劃 ▶ 廚房不只空間小，原來的收納也不足，因此打開鄰近廚房的一房，將電器櫃延伸至開放式書房，針對書房收納機能，利用牆面落差約 22 公分造成的畸零地，以層架打造一個大量收納的開放式書架。

好收技巧 ▶ 延伸至書房的電器櫃，延續廚房櫃體深度，有拉齊視覺效果，中段不安裝門片，方便擺放經常性使用如：微波爐等電器用品。

借書房空間創造電器櫃。

好簡約 ▶ Case04

多功能整合玄關餐廚收納

屋主需求 ▶ 家中有 2 位大人、1 位小孩，且雜物比較多，需要充足的收納空間。

格局分析 ▶ 原始格局為 3 房，調整後只保留 2 房，讓公共空間大一點，而一入門後，玄關旁即是廚房。

櫃體規劃 ▶ 由於入門後就是廚房，因此將鞋櫃、電器櫃、餐廚櫃全都整合一起，設計出高度 150 公分、深度 60 公分的多功能整合櫃。

好收技巧 ▶ 櫃體內部為活動層板，屋主能是收納的物件靈活調整高度，且為了能平順收納電器，深度做到 60 公分，櫃體下方則為懸空設計，以輕巧量體視覺感。

60 公分深度可隱藏電器。

讓格櫃山永義房子創意設計

超美型

Case05
樹型門片化身家電櫃裝飾牆

圖片提供 ◎ 演拓空間設計

屋主需求 ▶ 空間簡潔且好整理。

格局分析 ▶ 一字型廚房，需與餐廳共享空間。

櫃體規劃 ▶ 中段開放檯面可放置微波爐、電鍋等小家電，上下櫃體則可放置保鮮膜、電池、保固書等各式家庭小物。

好收技巧 ▶ 中段櫃體為簡單的小家電操作區，兩片樹型拉門全關上就成了漂亮的餐廳屏風主景。

超俐落

Case06
電器櫃隱藏有如造型立面

側面開放層架收使用率高的電器。

側開門片內還有抽盤可拉出使用。

圖片提供 ◎ 合硯設計

屋主需求 ▶ 喜歡旅遊，嚮往歐美住宅般的氛圍，也期許空間能寬敞自在。

格局分析 ▶ 原本是二房格局，變更為1+1房。

櫃體規劃 ▶ 餐桌後方規劃簡約俐落的電器櫃體，隱藏式門把設計，讓立面有如造型主牆般，右側灰玻格層則提供收納書籍或旅遊展示。

好收技巧 ▶ 左側白色櫃體其實是從側面使用，主要收納使用頻率高的家電，如微波爐、電鍋，右邊側開的兩道白色門片內，則是放置使用頻率低的家電，譬如果汁機、烤箱，並附有抽盤，方便拉出使用。

上掀式門片把電器完美隱藏。

圖片提供 © 構設計

櫃內包含拉藍和抽盤方便擺放電鍋。

好拿取

Case07
加入拉籃抽盤拿取超便利

屋主需求 ▶ 新婚夫妻期望家中開放式的客餐廳，能有序地收納電器等物品。

格局分析 ▶ 開放式客餐廳牆面內凹為電器櫃，餐桌斜後方有反樑結構，以三角斜展示架修飾。

櫃體規劃 ▶ 餐廳的電器櫃設計拉籃、抽盤，門片也設計上掀式，不占據空間，白色的展示架則是順應深度 80 公分的反樑，底部做出斜層板。

好收技巧 ▶ 電器櫃特別留出冰箱的高度，能平整收放，而拉籃、抽盤，能便於擺放電鍋、烤箱等小家電，封閉式門板也能防塵。

Case08
隱藏內嵌冰箱、電器櫃打造簡約空間框架

屋主需求 ▶ 三代同堂的家庭,對於料理用餐空間希望能寬敞,偶爾會兩人一起下廚,家電用品的收納格外重要。

格局分析 ▶ 原有廚房為獨立隔間,拆除後重新微調配置的方式,以中島連結餐桌滿足多元機能。

櫃體規劃 ▶ 餐桌一側乾淨俐落的白色立面,整合了兩台冰箱機能,冰箱後方更隱藏了一間儲藏室。

好收技巧 ▶ 冰箱另一側嵌入蒸爐烤箱,接續的是開放式平台,方便使用食物調理機,藏於內側的設計也不會造成視覺凌亂。

內嵌冰箱設計收得更好看。

圖片提供 © ST design studio

平台隱藏在內側,適合放小家電。

Case09
複合式設計滿足小宅需求

屋主需求 ▶ 在只有 15 的坪空間中,家中成員 2 位大人、1 位小孩,希望讓公共區域大一些。

格局分析 ▶ 玄關入門後,眼前正前方就是客廳,左手邊為廚房,後方才為兩間臥房。

櫃體規劃 ▶ 入口處為複合式、多功能設計,將原來置於外側的廚具移到內側,整合廚具、電器櫃、鞋櫃、餐桌、儲藏室為一體。

好收技巧 ▶ 複合式櫃體高度約 2 米 1、深度 60 公分,從入口鞋櫃延伸至餐桌,餐桌可暫放包包或外出衣物,接著再連結廚房櫥櫃、嵌入式烤箱等設備。

電器櫃整合廚具一起設計。

櫃體也一併結合餐桌更省空間。

圖片提供 © 蟲點子創意設計

好順手 ▶ **Case 10**

中島廚區整合家電、紅酒冰箱收納

屋主需求 ▶ 主旅行足跡遍及世界各地，認為回家就像歸巢，收納以舒服簡約為要點，如果有個中島方便在家吃上熱熱火鍋，就是最幸福的事。

格局分析 ▶ 原為 3+1 房，但因為人口簡單又經常在家舉辦聚會，便捨棄一間小房，改成更為開闊的客餐廳與中島。

櫃體規劃 ▶ 入口處為複合式、多功能設計，將置廚房、衛浴、儲藏室入口，以拉高比例的木紋門片，將各個零碎開口收整美化，搭配深色展示櫃，一格格如同樹枝交錯，讓世界各地帶回的收藏品在此展示棲息。

好收技巧 ▶ 中島配置 IH 爐，熱愛火鍋的屋主可以隨時熱上一鍋，插座線路皆隱藏在內部，既好看也安全，檯面底下並有抽盤、抽屜，可放置小家電、餐具與紅酒冰箱。

圖片提供 ©CONCEPT 北歐建築

↓

內側檯面下可放置小家電、紅酒冰箱。

附有抽風設備，解決蒸氣問題。

選購薄型冰箱，才能內嵌廚櫃。

圖片提供 © 相即設計

超美型 ▶ Case 11
電器藏進不鏽鋼收納箱

屋主需求 ▶ 家電設備要方便好用且不失美觀。

格局分析 ▶ 廚房延伸玄關木紋美耐板線條，呈現空間的連續性。

櫃體規劃 ▶ 利用嵌入、隱藏雙概念，把烤箱、冰箱與小家電整合在統一櫃體當中。

好收技巧 ▶ 黑色面板為不鏽鋼廚房收納箱，可將熱水瓶、烤麵包機、果汁機、電鍋等小家電收納其中。

圖片提供 © 相即設計

Chapter 04 餐廳＆廚房

Part.3

喜歡小酌幾杯，酒櫃要如何才能融入空間設計，才不會看起來凌亂？

設計
關鍵提示

圖片提供 © 摩登雅舍室內裝修

仿舊刷白的木作訂作櫥櫃，將屋主的隱藏式酒櫃收納在櫃中，並整合餐具、蒸烤爐，使用動線更流暢。

| 提示 1 |

系統櫃也能變身紅酒收納

抽屜間的高度只要有 15 公分，搭配使用系統櫃的五金、板材與抽拉盤，巧妙結合紅酒架，便能成為簡單的酒類收納。在功能轉換時，更可以簡單拆除，成為一般的抽拉層板。

| 提示 2 |

紅酒冰箱提供最佳貯藏條件

紅、白酒有各自最適合的貯藏溫度，最好還是用紅酒冰箱最為適當。一般家中則可以利用家中一角，結合藝術裝飾，打造專屬的紅酒櫃，需注意的是，常溫貯藏只適合常喝、酒更新頻繁的人。（見 P.88）

| 提示 3 |

根據酒類選擇櫃體施作方式

酒櫃的好壞會影響酒的品質，雖然一般木作酒櫃可存放，但如香檳、白酒或等級比較高的紅酒等，建議還是選購市面上插電的紅酒櫃，可調節溫濕度的功能才不會影響酒的品質。

圖片提供◎摩登雅舍室內裝修

酒櫃層架採用斜放設計，讓人更方便辨識酒標，拿取更順手。

|提示 4|

紅酒多為平放收藏

　　若是紅酒類的酒瓶，多為平放收藏，需要注意的是深度不可做太淺，瓶身才能穩固放置，以免地震時容易搖晃掉落。一般來說，深度約做 60 公分，若想卡住瓶口處不掉落，寬度和高度約 10×10 公分以內即可。若收藏的酒類範圍眾多，瓶身大小不一，則適合做展示陳列。（見 P.89）

|提示 5|

嵌燈讓櫃內溫度高不利存放

若常喝紅酒、更新快，可以規劃常溫下的存放空間。整合紅酒櫃與其它櫃體時，要注意溫度控制，例如內嵌式電視牆、櫃內嵌燈，都會讓存放溫度過高，影響紅酒品質。

|提示 6|

門片挖圓孔紅酒收納

　　紅酒類的酒瓶，一般來說多為平放，除了堆疊而放，也能以卡住瓶身處不掉落做收納。在門片挖直徑寬度約 9～10 公分的圓孔，深度約做 50～60 公分，剛好卡住酒瓶即可，酒瓶以插入式做擺放，卡住圓孔不掉落。（見 P.92）

|提示 7|

鏤空層格收納酒類一目瞭然

　　收納紅酒瓶類，設計並非得做符合瓶身的圓型設計，只要掌握平放擺放方式，內部深度約做 20～25 公分，前方加做卡住瓶口處的凹槽設計約 3～4 公分，前者擺放瓶身、後者擺放瓶口，輕鬆將酒瓶穩固放置，鏤空層格也能讓酒類一目瞭然。（見 P.86）

|提示 8|

搭配燈光變身空間裝飾

　　酒櫃不只是收納，也可以是居家重要的裝飾。採用鮮豔顏色搭配燈光，營造出特殊的放鬆氛圍，讓在家品酒也能是一種私密但時尚感十足的休閒活動。（見 P.91）

7個精采
酒櫃設計

高機能

Case01
前後不同深度創造 3D 收納

屋主需求 ▶ 希望能有多功能中島吧檯結合料理、收納、酒櫃及餐桌。

格局分析 ▶ 廚房空間不大卻希望能有滿足多元需求。

櫃體規劃 ▶ 利用中島櫃體前後深度不同，置入有冰箱功能的紅酒櫃（6 瓶），與開放式紅酒收納（14 瓶），側牆則設有層板收納酒杯。

好收技巧 ▶ 利用中島櫃體前 20 公分後 60 公分深度的不同，置入不同收納功能，充分利用牆面檯面與櫃體創造 3D 收納。

側牆置入層板收納酒杯。

側牆置入層板收納酒杯。

圖片提供 © 非關設計

省空間

Case02
吊櫃優化空間關係、巧用桌下藏酒

屋主需求 ▶ 三口之家希望家中有個吧檯區，讓夫妻能在空閒之餘小酌一杯。

格局分析 ▶ 僅有 22 坪的空間除了要滿足全家收納之外，還想創出小確幸場域。

櫃體規劃 ▶ 將櫃體集中於玄關以及廚房一側，由淡雅的木製餐櫃延伸出大理石吧檯與帶藍櫃體。

好收技巧 ▶ 利用桌下高度嵌入紅酒櫃；立體積木般的吊櫃延伸出去，優化餐廚與客廳的關係，亦豐富了天花板與儲物機能。

桌下整合紅酒櫃更省空間。

圖片提供 © 拾風空間設計

層板設計直接讓酒瓶橫躺收納。

圖片提供 © 雷聲空間設計

圖片提供 © 雷聲空間設計

好拿取

Case03
兼具美感與易拿取的酒櫃區

屋主需求 ▶ 雖然廚房區已有一座酒櫃，屋主希望能有一個可順手拿到酒的空間。

格局分析 ▶ 規劃在靠近餐廳空間，如想喝酒、調酒時可順手拿取，同時也兼具展示功能。

櫃體規劃 ▶ 在背對廚房、面對公領域的一整面備餐櫃上，除了電器、日常用品，也特別安排一處開放空間作為酒杯、酒的收納。

好收技巧 ▶ 開放的層板收納規劃，讓酒容易拿取與存放，也安排酒杯懸掛此處，同時兼具美感展示功能，表現屋主生活品味。

好裝飾 Case04

酒櫃化身廳區端景

圖片提供 © 甘納空間設計

屋主需求 ▶ 用餐時有搭配紅酒的習慣，但家中不會存放太多紅酒。

格局分析 ▶ 採光明亮，公共廳區的空間也十分寬敞。

櫃體規劃 ▶ 量身訂製開放式儲酒櫃，木作設計傾斜約 30 度層板，櫃的左右兩側以寬面栓木材質收邊，比例更均衡好看。

好收技巧 ▶ 傾斜層板方便酒瓶的堆疊收納，每格櫃可容納 3 ～ 4 支酒瓶。

傾斜 30 度，方便堆疊收納。

超美形 Case05

現成酒櫃融入時尚中島吧檯

預留尺寸嵌入溫控紅酒櫃。

圖片提供 © 橙碩空間設計

屋主需求 ▶ 屋主夫妻喜歡品酒，但室內無空間打造酒窖，希望可維持酒新鮮度的保存方式。

格局分析 ▶ 進門後的右側為開放餐廚區，利用中島整併餐廚空間，餐後飲酒的需求來安排。

櫃體規劃 ▶ 先買好現成的金屬酒櫃，依櫃體尺寸嵌入美式中島下方；酒櫃具控溫保存概念，約可存放十支酒。

好收技巧 ▶ 餐廚空間是客人到家中聊天、品酒的地方，想喝酒時可很自在於此區享用，酒櫃上方則設計鐵件吊櫃收納酒杯。

省空間

Case06

樓梯合併紅酒櫃強化小屋機能

屋主需求 ▶ 希望能擁有完整的住家機能，平常也有小酌的習慣。

格局分析 ▶ 坪數有限的夾層屋。

櫃體規劃 ▶ 將櫃子當成樓梯的一部分，可容納各式收納，也利用量體區隔廚房與客廳。

好收技巧 ▶ 梯階下方是開放紅酒櫃，下方抽屜還能收其它用品。

圖片提供 © 蟲研設計

從第二梯階設計紅酒櫃，才不用彎腰拿取。

易存放

Case07

融入輕食區的美型吊櫃

沖孔美型吊櫃整合酒櫃。

圖片提供 © 甘納空間設計

屋主需求 ▶ 將輕食區與櫃體安排在靠牆區，希望漂亮瓶身的酒可陳列展示出來。

格局分析 ▶ 為了維持公領域開放無礙，將喜歡小酌幾杯的輕食空間安排在廚房出口處。

櫃體規劃 ▶ 善用樑下打造淺藍綠櫃體的輕食區，整合酒櫃、洗手台可隨時清洗之用，酒可收納在上方封閉門片的吊櫃內。

好收技巧 ▶ 依身高屋主打造吊櫃高度，當自己或親友想小酌片刻時，可隨時打開櫃子拿取酒，外面開放吊櫃作為酒杯收納處。

Chapter ⑤ 書房 & 閱讀空間

Part.1

有很多雜誌、書籍，書櫃該如何設計能更整齊、收更多？

設計
關鍵提示

圖片提供／石坊空間設計集團

利用軌道設計的雙層書櫃，可滿足更多的書籍收納需求。

| 提示 **1** |

書櫃、書架並存兼顧遮蔽與美觀

　　書櫃設計以開放和隱蔽兼具最佳，但需留意比例上的分配，才不會讓書櫃顯得雜亂又笨重。有門片的隱蔽書櫃，以實用為優先考量，裡面可設計可調整高低的層板，以應付各種規格的書籍，甚至放個兩排、三排都可以。

| 提示 **2** |

將書櫃分為上、中、下設計

　　常看的書放在開放式的中層，方便檢視及拿取，不常看或收藏的書放在上層及下層，除了可以做門片遮蓋，避免沾染灰塵，上層的門片也可避免五顏六色的書顯得雜亂，或是帶來壓迫感，下層的門片則能減少在行走及活動時揚起的灰塵或是碰撞。

圖片提供 © 甘納空間設計

透過質地、色彩、厚度相異的建材，在協調之中增添書櫃的變化性。

| 提示 3 |

板材加厚解決書架變形的問題

　　為了避免書架的層板變形，建議木材厚度加厚，大約 4 ～ 4.5 公分，甚至可以到 6 公分，不容易變形，視覺上也能營造厚實感。（見 P.95）

| 提示 4 |

打造高低書櫃格子量身收納

　　預先了解書籍種類、比例、與尺寸，將同一櫃體規劃不同高低差的收納櫃格，以最有效率、省空間的方式加以收藏達到適度遮蔽與統一視覺的效果。

| 提示 5 |

門片式書櫃減低日後清潔困難

　　一般家庭的書籍大小不一，若全部展示出來會顯得住家空間很凌亂。可以預先利用貼牆的大片書櫃規劃，整合所有量體、簡潔空間視感。（見 P.98）

| 提示 6 |

統一層板維持視覺平衡

　　若書籍量太多，且種類上無法系統化歸類，就抓大致的尺寸規劃層板高度，利用統一的層板高維持視覺上的平衡，搭配橫移門片遮蔽，就能兼顧美觀與實用。

| 提示 7 |

書籍總類影響層板高度

　　收放雜誌的書櫃層板高度必須超過 32 公分，但如只有一般書籍則可做小一點的格層，但深度最好超過 30 公分才能適用於較寬的外文書或是教科書，格層寬度避免太寬導致書籍重量壓壞層板。

| 提示 8 |

門片、層板交錯更有設計感

　　書櫃可做有明有暗的設計，讓外型好看、有特色的書外露、其他的書則內藏，至於高度則可以考慮不需要全部一致，因為有高低的落差，才能放各種尺寸的書籍與雜誌，若高度夠高，中間則可再做分層，以便放更多的書。（見 P.102）

| 提示 9 |

橫寬過長時需要增強支撐結構

　　一般裝修時使用在書架層板的木芯板板材，厚度大約在 2 公分左右，橫寬則控制在 80 ～ 100 公分為佳，超過 100 公分時，即應適當的增加板材厚度或增強結構，大約每 30 ～ 40 公分就要設置一個支撐架，或乾脆使用鐵板為層板材質，就能避免這種情況發生。

22個精采書櫃設計

書櫃整合貓洞讓貓咪穿梭玩樂。

多功能

Case01
梯間巧妙結合貓跳台與書櫃功能

屋主需求 ▶ 家裡有貓咪，希望可以有能讓貓咪爬上爬下又可以置物的書櫃。

格局分析 ▶ 四層樓別墅的樓梯間只做動線使用有點浪費。

櫃體規劃 ▶ 模組化的書架大小，由一樓沿樓梯貫穿到頂樓，部分設計貓洞讓貓咪可以穿梭在書櫃中。

好收技巧 ▶ 因為書籍大小不同，利用統一的書架大小與材質，讓不同大小書籍玩具擺飾都可以隨意擺放又不至於顯得凌亂。

圖片提供 © 非關設計

黑底讓物件色彩能更突出。

超質感

Case02
自然質材烘托書櫃氣勢

屋主需求 ▶ 減少空間屏障，以利營造開闊及親友來訪時的互動。

格局分析 ▶ 開放式書房與客廳相鄰，書櫃既是實用收納，也是從客廳方向望來的端景。

櫃體規劃 ▶ 用玄武岩襯底，再以染黑木皮包夾鐵件。

好收技巧 ▶ 鐵件層板的承重比板材來得更好。

圖片提供 © 尚藝設計

Case03

活用高低差收不同書籍

屋主需求 ▶ 女主人職業是教授,有大量文件與論文收納需求;男主人則有眾多漫畫收藏。

格局分析 ▶ 書房規劃於鄰窗處,位於對外窗與寢區中間。

櫃體規劃 ▶ 開放書櫃,搭配適度門片設計,兼顧整潔與拿取便利。

好收技巧 ▶ 依比例規劃漫畫與論文不同尺寸收納方格;並搭配 OA 傢具的抽盤 5～10 公分的厚度,收納論文與各式文件。

不同高度設計,可收漫畫、論文。

圖片提供©FUGE 馥閣設計集團

Case04

厚此薄彼的最佳收納拍檔

屋主需求 ▶ 男主人與女主人皆為醫生,愛看書又注重兒童教育,書房裡需有大量收納空間。

格局分析 ▶ 書房正對著廚房吧檯,將開放式書櫃底部塗上藍色,成就媽媽視角裡的一抹藍天。

櫃體規劃 ▶ 一側採用厚度僅有 0.5 公分的鋼板烤漆作為書架;另側延續空間整體的木質感設計封閉式書櫃,收與放的線條語彙相呼應,形塑和諧的書櫃風景。

好收技巧 ▶ 鋼烤書架的切割方式,不僅讓書背朝外站立,還可橫放;挑高的隔間讓尺寸較大的童書也有專屬的位置,中段抽屜可收納雜物。

抽屜專門收雜物。

書可站立也可橫放。

圖片提供©植研設計

多機能

Case05
門片、展示、抽屜多功能
設計滿足所有收納

屋主需求 ▶ 雖然只有老夫妻同住，但因為藏書很多希望能有書房空間。

格局分析 ▶ 開放式公共空間沙發後方以半牆作界定隔出書房、書櫃空間。

櫃體規劃 ▶ 書櫃以門片、展示、抽屜收納滿足各類收藏，並能展現空間層次。

好收技巧 ▶ 屋主收藏陶笛，淺層的抽屜讓陶笛能整齊排列，好拿又好收。

圖片提供 © 拾隅空間設計

淺層抽屜方便收納陶笛使用。

圖片提供 © 構設計

U 字形書櫃兼具檔板功能。

圖片提供 © 構設計

好分類

Case06

擋板書櫃一體成型超好分類

屋主需求 ▶ 男屋主是燈具設計師，需要收納多本書籍，並擁有較大面積的工作桌。

格局分析 ▶ 書房兼客房的空間較小，且窗簾的正下方有深度高達 70 公分的反樑結構。

櫃體規劃 ▶ 整體空間架高 45 公分，桌椅高度比照制式尺寸，反樑結構則再往上墊 5 公分，與一旁桌面高度一致，書櫃圍牆面層板收納。

好收技巧 ▶ 架高書房後，設計上掀式收納，可收納棉被，鋪上床墊也能作為客房，書櫃 U 字型設計，也具有擋板功能。

全景式 Case07
雙倍容量、全展開的收納舞台

屋主需求 ▶ 為專職 YouTuber，收藏許多漫畫與公仔，藉由專屬展示平台，讓興趣、工作與日常生活完美結合。

格局分析 ▶ 清玻璃搭配捲簾擘劃出工作區隔間，左側與主臥之間則以雙層書櫃取代實牆，同時保有開闊視野、彈性隱私，也能提升收納量。

櫃體規劃 ▶ 書桌上方懸吊的白色鐵件層架，作為大型公仔的收納舞台，透過玻璃能從家中各區 360 度全景欣賞。書桌、抽屜深度加深至 80 公分，讓在家工作更舒適便利，同時也能與上方展示架拉開足夠距離，避免壓迫感。

好收技巧 ▶ 橫移式雙層櫃參考模型收藏外盒量身打造，可收納雙倍物品，軌道採用壁滑軌五金，減少落塵累積，清潔起來更容易。

桌面加深至 80 公分更舒適便利。

雙層櫃用壁滑軌五金更好清潔。

圖片提供＠賀澤制作 Being Design

白色木作包覆修飾櫃體厚度。

圖片提供 © 方構制作空間設計

隱藏貓門可自動開闔。

Case08
巨型量體的包邊瘦身術

屋主需求 ▶ 屋主有不少衣物軟件，需要在主臥衣櫃之外另闢一處收納；加上家中養貓，希望給予毛孩舒適生活空間，也能便於清潔。

格局分析 ▶ 將櫃體向上延伸至頂，上櫃不採分色疊櫃、不用封板，避免形成兩截色塊壓低空間感，以維持 2 米 9 的挑高優勢。

櫃體規劃 ▶ 消光鐵灰色的大型櫃體，以白色木作包覆側邊，側面看不出櫃體厚度，如同隱化於牆的收邊方式，減輕量體感。

好收技巧 ▶ 收納分成左右兩區，左側封閉式收納雪具和部分軟件；右側是開放書櫃，底下門片設計成自動關闔的隱藏貓門，方便毛孩進出使用貓砂盆。

圖片提供 © 方構制作空間設計

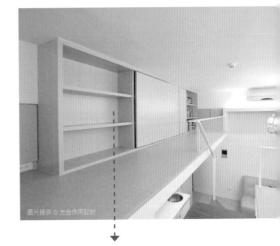

圖片提供 © 光合作用設計

Case09
善用樑下創造書櫃

屋主需求 ▶ 有大量藏書，希望營造居家有誠品的氛圍，又能維持開闊及互動感。

格局分析 ▶ 挑高雖有 4 米 2，但側邊及客廳上方皆有大樑，夾層高度僅 160 公分。

櫃體規劃 ▶ 樑下空間用三座寬 120 公分、深度 35 公分的櫃體結合成書牆，並藉拉門來調度表情。

好收技巧 ▶ 結合 2 片 6 分厚木芯板作層板，則讓支撐力更提升。

↓
用塗裝木皮板材可省一道油漆費。

圖片提供 © 合砌設計

Case10
精算分割門片的美型書櫃

屋主需求 ▶ 想要一目瞭然看見每一本書背，不能被門片擋住。

格局分析 ▶ 為一個人居住的空間，可以接受沒有隔間的狀態。

櫃體規劃 ▶ 中島吧檯連結的桌面兼具工作桌與餐桌機能，利用牆面配置吊櫃與半腰櫃提供書籍與工作文件等收納，玻璃櫃部分從書籍厚度計算分割線配置，讓每一本書背可以完整露出。

好收技巧 ▶ 書櫃不僅是正面門片開啟的使用，側邊也可以直接拿取擺放，半腰櫃以抽屜形式、無把手設計更形俐落。

↓
書櫃側邊直接收納更好拿取常看的書。

圖片提供 ©SOAR Design 合風蒼飛設計＋張育睿建築師事務所

鞋櫃兼具穿鞋椅。

大容量

Case11
挑高懸浮櫃體創造大量書籍收納與生活交流

屋主需求 ▶ 一家四口需要三房，但房子坪數僅 22 坪大。

格局分析 ▶ 空間擁有挑高 4 米 2 的優勢，設計師從垂直面向上尋找創造其它空間的可能性。

櫃體規劃 ▶ 以樹屋為主題，利用 H 型鋼結合懸吊結構製造出複層格局，挑高立面不僅僅是書牆也容納許多生活用途，與平台結合的櫃體立面，則兼具空間區隔、動線迴繞、鞋櫃等機能。

好收技巧 ▶ 兩道挑高櫃體除了帶來豐富的書籍、孩子作品陳列等機能，與平台過道的結合，創造出隨興閱讀與休憩的生活型態，也讓一家人能進行交流。

收最多

Case 12

收整精神食糧的一頁白色篇章

屋主需求 ▶ 屋主的藏書量大，需要有大櫃子擺放常用讀物或陳列套書，也需要小小的展示區將路跑賽事獎牌掛出。

格局分析 ▶ 因應牆體（橫樑與靠窗的大柱），客廳收納櫃最右側作成假櫃，使整體造型得以連續，也避免太多牆線犄角產生。

櫃體規劃 ▶ 全室櫃體統一高度，上下留空創造輕盈感。開門線刻意從一般的 0.3 公分加大至 1 公分脫縫，強化白色切割面上的黑色線條，形成立體刻痕般的裝飾效果。

好收技巧 ▶ 最右側局部的造型假櫃，向內退縮形成一方淺格，搭配藍色掛勾，用以吊掛展示屋主的馬拉松賽事獎牌。

留空創造輕盈感。

圖片提供 © 方橫制作空間設計

好拿取

Case 13

簡約線性裡藏一份男孩的浪漫童心

屋主需求 ▶ 屋主其實有不少的漫畫收藏，在冷調個性空間裡，讓這份專屬的浪漫也能融入其中。

格局分析 ▶ 空間有不少的樑柱，刻意不包覆，而是將背牆裝飾、櫃體的高度與樑線切齊，形成層次美感。

櫃體規劃 ▶ 黑白灰調中，以線性作為空間敘事旁白，鑲嵌在白色細格柵牆裡的懸吊漫畫櫃，鐵灰色經緯交織格線，有著單純線性特有的規律、療癒之美。

好收技巧 ▶ 漫畫櫃以 3 分厚度板材打造，透過密集交錯方式來強化結構體，不論深度或高度，每一小格都是剛剛好容納漫畫書籍的大小，絲毫不浪費空間。

圖片提供 © 方橫制作空間設計

3 分厚板材打造強化結構體。

Case 14

多元收納姿態，親子閱讀 Fun 輕鬆！

屋主需求 ▶ 年輕爸媽希望家的樣貌不要太制式規矩，收納形式可以多點彈性與變化，也能讓家人互動多一些。

格局分析 ▶ 客餐廳與多功能閱讀區為敞開式格局，藉由材質、造型與矮櫃，隱微界定空間又能彼此串聯。

櫃體規劃 ▶ 土耳其藍跳色的木質書櫃，門片為親子可一同畫畫、留言的滑軌磁性黑板；臥榻下方是擺放雜物的抽屜，緊鄰的斜塊面雙面矮櫃，則是置物平台、插座充電區，同時也是右側客廳沙發的背靠。

好收技巧 ▶ 書櫃底下搭配木質抽籃，抽籃的灰色把手材質為黑板漆，能標示所儲放的內容物，也方便隨時修改 MEMO。

滑軌磁性黑板可畫畫留言。

木質抽籃好拉取收納。

圖片提供 © 方構制作空間設計

收最多

Case 15
森林感書牆端景

屋主需求 ▶ 喜歡閱讀的屋主，需要充足的書籍收納區域。

格局分析 ▶ 書櫃位置為公私領域界定牆面，要讓兩個空間都能同時使用。

櫃體規劃 ▶ 餐廳天花以鐵架吊掛綠色植栽、煤油燈，與後方落地書牆上的橡木、楓木、樹瘤等飾板相呼應，營造森林樂活氛圍。

好收技巧 ▶ 落地櫃體用做餐廳、臥房雙面收納，兼具書牆與衣櫃功能，滿足公私領域雙需求。

書櫃的背面為衣櫃。

圖片提供 © 甘納空間設計

Case 16
雙層側滑櫃打造居家書店

屋主需求 ▶ 為了維持日常住家整潔，立扇等季節性大型電器要有方便收納空位。

格局分析 ▶ 住家櫃體主要設置於開放式餐廳一側，融入隔間牆設計、降低量體存在感。

櫃體規劃 ▶ 配合可擺放大型電器的 60 公分高深櫃，旁邊書櫃則仿租書店規劃、採雙層設計，配合耐重進口系統板材，兼顧方便與安全性。

好收技巧 ▶ 雙層側滑書櫃可收納屋主眾多藏書、小物，開放式設計方便拿取、放回，大大提升書櫃使用效率。

耐重系統板材，
兼顧安全性。

圖片提供 © 光合作用設計

圖片提供 © 光合作用設計

Case 17
穿透書牆串連生活畫面

屋主需求 ▶ 能妥善收納書籍、玩具、甚至植栽裝飾的空間。

格局分析 ▶ 住家空間有限，收納櫃需利用寢區入口牆面規劃，卻擔心遮蔽採光與實體櫃壓迫問題。

櫃體規劃 ▶ 結合鐵件與木質的鏤空置物架，跨越多道門片，選用低飽和色調柔化框架視覺，由地坪延伸天花，極限擴增收納機能。

好收技巧 ▶ 上方橫桿吊掛裝飾、植栽，中段擺放書籍、玩具，下方抽屜收納整合轉角洗手台，化身為居家輕盈無壓的高機能量體。

抽屜的另一側延伸整合洗手檯。

Case 18
滑門書櫃收得俐落 也化解大樑

屋主需求 ▶ 現階段是屋主使用的書房，未來想彈性變小孩房。

格局分析 ▶ 新成屋原始格局的一房，但遇有大樑結構問題。

櫃體規劃 ▶ 利用樑下空間打造一整面書櫃，大樑部分以木作包覆修飾，創造出看似為門片的錯覺，日後可直接放置單人床使用。

好收技巧 ▶ 左下是根據防潮箱所預留的空間，右側抽屜可收納文件與文具用品，中間搭配滑門門片收納各種書籍，平時闔起也降低凌亂感。

抽屜適合收納融意雜亂的文件與文具。

圖片提供 ©FUGE 馥閣設計集團

書櫃兩側都能使用。

雙機能 Case 19

雙層書櫃兼隔間，
也有坐榻可使用

屋主需求 ▶ 現階段希望有遊戲室、客房，以後二個孩子也面臨需要各自獨立的臥房。

格局分析 ▶ 客廳旁的房間規劃為遊戲室兼客房，採用掀床的概念，因應目前多半是遊戲室的功能需求。

櫃體規劃 ▶ 遊戲室與餐廳之間的隔間牆，利用兩層書櫃取代，中間鏤空可當臥榻平台，也有小拉門可以關起來讓房間保有私密性。

好收技巧 ▶ 兩側書櫃收納量豐富，對應遊戲室的櫃體也能做為玩具收納使用。

圖片提供 ©FUGE 馥閣設計集團

高機能

Case20

多元用途的和室收納牆

圖片提供 © 光合作用設計

屋主需求 ▶ 由於兒子偶爾回來小住，希望和室具備客臥、烹茶、電器櫃等彈性機能。

格局分析 ▶ 和室平時可視為客廳功能延伸，所以需思考全開放、密閉的美觀與方便性。

櫃體規劃 ▶ 機能牆鄰客廳側作電器櫃，居中則是收納被鋪衣櫃，內側為全隱藏式書櫃。以實木飾條勾勒倒ㄇ型空間輪廓延伸至天花板，無論拉門開闔都能保持居家畫面整齊美觀。

好收技巧 ▶ 隱藏書桌櫃門左右、上下開啟後都能藉由五金、預留縫隙巧妙藏於櫃內，連雙腳都規劃伸展空間，貼心設計細節大幅提升使用幸福感。

圖片提供 © 光合作用設計

雙腳可舒服伸展。

Case21
複合量體創造多樣收納機能

屋主需求 ▶ 夫妻倆常常旅行也喜歡閱讀，需要可以提供展示與收納書籍的機能。

格局分析 ▶ 2 房 15 坪的小宅，跳脫制式隔間為劃分，藉由複合性設計創造與定義空間場域。

櫃體規劃 ▶ 全室隔間幾乎全部拆除，玄關一進門的量體為多面向機能，面向客廳的層板結構提供書籍與陳列使用。

好收技巧 ▶ 以樺木合板打造的格櫃，局部搭配門片做隱藏式收納，線條簡單乾淨，材料也單純化，回應屋主喜愛的純粹單純的空間感。

隱藏式門片收納較為雜亂的生活用品。

Case22
可調式鐵件兼具陳列、書籍收納與貓跳台機能

高機能

屋主需求 ▶ 喜歡開放式的陳列收納方式，也有收藏公仔的嗜好。

格局分析 ▶ 20 坪的空間格局重新做調整，部分牆面拆除換取開闊通透的視覺，延攬明亮的舒適氛圍。

櫃體規劃 ▶ 拆除一房後的書房，壁面規劃層架系統做為開放展架，最上層空間還能陳列公仔。

好收技巧 ▶ 層架系統可根據需求彈性調整每一層的高度間距，同時也兼具貓跳跳台機能。

層架可調高度也是貓跳台。

Chapter ⑤ 書房 & 閱讀空間

Part.2

雜亂的電腦線、印表機、傳真機要怎麼藏起來？

設計
關鍵提示

圖片提供 © 力口建築

插座只要預先經過規劃安排，就能隱藏起來。

| 提示 1 |
藍芽遙控讓事務機走出書房

現在藍芽遙控技術成熟，可以跳脫事務機一定得放書房的傳統思維，統一整合在家中一個角落，用多功能機櫃概念，讓全家都能共同使用，一次解決收納與線路雜亂問題！

| 提示 2 |
移植辦公室無線概念

家中書房可仿照辦公室的無線規劃，讓事務機無須跟著單一電腦走，收納起來更加方便，解決線路外露的雜亂視感與清潔困擾。插座則可規劃在書桌上或牆面，避免規劃在低處，減少總是得彎腰以及不慎踢到的安全問題。

圖片提供 ©FUGE 馥閣設計集團

將電腦隱藏於滑門之內，線路也規劃於洞洞板內，洞洞板又能增加照片陳列。

| 提示 3 |

線路隱藏於書桌後背或下方

可使用緊束線將網路、電源、USB、訊號線等連結線集中起來，再配合書桌或電腦桌上的出線孔，將線隱藏在桌後或桌下，並於書桌背與桌下設計一個和書桌一體的盒子空間，這樣就可以將線材放置在裡面，好維修又看不到了。

| 提示 4 |

書桌椅高度後方規劃層架

利用書櫃的層板可靈活收納各種尺寸的書籍與小型雜物，在家工作常用到的多功能事務機則可設置在書桌椅後方、腰部高度之處的層架上，如此一來只要轉個方向就能使用，而放置事務機的層架亦可加裝拉門，解決凌亂感。（見 P.110）

| 提示 5 |

桌面運用整線蓋板五金

書桌桌面裝設整線蓋板五金，就能將各式雜亂的線路隱藏起來，而如果習慣將印表機、事務機擺放於書桌下的話，建議可用抽拉層板取代一般固定層板，未來要更換墨水、紙張也較為方便。（見 P.112）

| 提示 6 |

櫃體垂直化圓滿收納需求

當空間坪數不大並身兼雙機能，不妨可以將垂直化概念導入到櫃體中，讓櫃體盡量沿樑下來做設計，製作高度頂及天花板的櫃子，內部注入不同層格設計，既有書櫃功能，收納傳真機、印表機的功能也不會偏廢。（見 P.114）

| 提示 7 |

線路可以藏在平台下

半開放式書房是屋主在家工作的地方。將印表機置於桌子前方的平台，並利用平台厚度埋藏與電腦的連接線，既可避免佔去桌面或周遭空間，也能打造便利又清爽的工作環境。（見 P.113）

| 提示 8 |

收納櫃取代桌腳收納機體

如果書房空間不大，但又必須收納電腦設備、事務機，建議可採取結合收納櫃的工作桌，讓收納櫃取代桌腳，搭配層板使用滑軌五金，想更換墨水、維修就很方便。

9個精采
設備線路
收納

Case01

設備電線不外露，空間更整齊

線槽設計巧妙隱藏雜亂的電線。

屋主需求 ▶ 屋主有在家辦公的需求，但又不希望凌亂的電線、設備外露。

格局分析 ▶ 微調隔間，將書房納入主臥內部，形成兼具臥寢和辦公的空間。書房隔間採用通透玻璃，但刻意調整書櫃位置，巧妙遮住臥房保有隱私。

櫃體規劃 ▶ 櫃體採用 L 型排列方式，圍塑書房領域，櫃體兩側皆不做滿，留出通往主臥的雙向通道。

好收技巧 ▶ 辦公設備通通收在櫃體下方，運用門片遮掩，同時透過線槽設計巧妙藏線，維持視覺的潔淨。

圖片提供 © 演拓空間設計

收最多 Case02

借用空間規劃迷你收納櫃

層格高度不一，可根據設備擺放。

屋主需求 ▶ 書房兼起居室，但希望能有櫃子專門收納印表機等設備。

格局分析 ▶ 傢具已就定位，僅能從牆邊找空間規劃收納櫃。

櫃體規劃 ▶ 書房內規劃與天花板等齊的櫃子，滿滿的層格可收納書籍，也能擺放印表機等相關設備。

好收技巧 ▶ 左右兩側利用層板做出收納，中間則除了層格還加了抽屜，層格高度都有不同，可依印表機、傳真機、數據機等設備，決定擺放位置。

圖片提供 © 摩登雅舍室內裝修

Case03
線路收進邊櫃內

屋主需求 ▸ 書桌是買現成的，電腦線、檯燈線路沒地方藏很亂。

格局分析 ▸ 過去書房被安排在主臥室內，無法和私領域作區隔，反而打擾家人休息。

櫃體規劃 ▸ 主臥室牆面向後退縮，創造開放且獨立的書房，倚牆面設計抽屜邊櫃。

好收技巧 ▸ 最下層邊櫃預留電腦設備線路徑，將雜亂的線材完全隱藏起來，也較不易有灰塵。

挖洞把線路藏起來。

磁鐵白板可當生活筆記。

Case04
造型滑門隱藏事務機

屋主需求 ▸ 在家工作常需列印文件。

格局分析 ▸ 大面側牆配置落地櫃架；書桌椅則設置在櫃架的前方。

櫃體規劃 ▸ 整座櫃體內為層板，外設三片白色的大型拉門。

好收技巧 ▸ 事務機設於椅子後方、櫃體中段的位置。屋主坐在椅子上轉個方向、推開門片，就能取出列印的文件。

門片可自由滑動到任意位置，無需起身就能使用櫃體暗藏的事務機。

超實用

Case05

格柵門片隱藏機體也能散熱

屋主需求 ▶ 書房偶爾當客房使用，線路設備需簡潔美觀。

格局分析 ▶ 以透明玻璃區隔出書房場域，增加住家機能性。

櫃體規劃 ▶ 開放式收納櫃搭配下方的抽屜，搭配間接燈光，無論是書籍收納或展示收藏都能有聚焦效果。

好收技巧 ▶ 電腦主機可收在書桌下方櫃體中，規劃散熱門片增加實用度。

側板打開隱藏了凌亂的線路。

活動式

Case06

移動、打開，無礙空間＝有愛互動

屋主需求 ▶ 家庭成員為夫妻與毛小孩一家三口，期望新家能減少隔閡，讓家人、狗兒子有開敞的活動空間。

格局分析 ▶ 除去客廳與書房間的牆體，以書桌搭配活動式矮櫃做出區域界定，讓此區的空間機能與定位，保留最大彈性。

櫃體規劃 ▶ 沙發靠背矮牆，後方連接著書桌加軟舖座榻，中間的滑輪矮櫃是工作庶務、文件收納的好幫手，也能圈圍出狗狗專屬的休息區與寵物用品收納。

好收技巧 ▶ 書桌旁的櫃體內可收電腦設備，另一側矮櫃上半部壁面，洞洞板材的活動層板和插銷，可依物品調整挪動，成為有趣多變的展示端景。

圖片提供 ©CONCEPT 北歐建築

圖片提供 ©CONCEPT 北歐建築

圖片提供 © 櫂釋設計

桌子側邊有集線器和主機櫃。

多機能

Case07

書櫃結合貓跳台，閱讀時光多了幾分可愛

屋主需求 ▶ 有大量藏書的醫生夫妻，家中還有四隻貓咪，希望享受著宅在家的閱讀時光也能擁有毛孩的可愛身影隨時相伴左右。

格局分析 ▶ 書房最右側與過道銜接，因此櫃牆右端以開放層板加上側邊導圓角，能提升安全性與視覺上的通透感。

櫃體規劃 ▶ 書房背牆打造整排大容量的儲藏櫃與展示層架收納，每格層架高度略有不同變化，可擺放開本較大的原文書與醫療書。封閉櫃與隔板之間挖出圓形洞口，搭配黃銅貓跳台，滿足收納需求之外也能讓貓咪自在穿梭。

好收技巧 ▶ 書櫃與書桌之間，以訂製板材設計出連接橋，貓咪能輕鬆上桌與主人互動，桌子側邊另有集線器與主機櫃，避免貓咪抓咬電腦設備。

多機能 Case08
多功能機櫃整合

屋主需求 ▸ 希望事務機能藏起來，但不影響使用方便。

格局分析 ▸ 收納櫃體規劃在客、廚房與臨窗處附近。

櫃體規劃 ▸ 透過藍芽的無線遙控技術，採用多功能機櫃概念，整合事務機、網路、DVD、音響、電話等，並規劃在公共區的中央位置。

好收技巧 ▸ 用平板抽方式，使用時即可拉出。

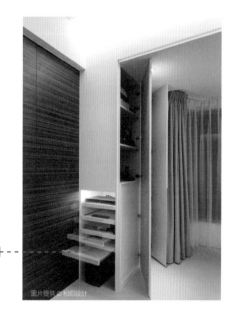

抽拉層板好用也好清潔。

圖片提供 © 相即設計

超整齊 Case09
辦公事物機藏在桌面下，雜亂看不見

降低事務機收納高度，遮蔽雜亂。

圖片提供 © 相即設計

屋主需求 ▸ 打造一個能讓孩子專心讀書的空間。

格局分析 ▸ 位於頂樓的寬敞空間，設計師將動線分為二，家教講課的動線和孩子讀書的動線。

櫃體規劃 ▸ 在家教講課的檯面下方做為事物機收納空間，檯面後方為黑板漆牆面，方便家教授課教學，檯面的另一端極為孩子的學習空間。

好收技巧 ▸ 事物機收納空間為開放式，讓屋主在使用起來方便靈巧，且也因為降低了高度，在視覺上也自然的遮蔽了雜亂的收納感。

Part.1

衣服有的要平放、有的要掛，衣櫃如何規劃更好用？

設計
關鍵提示

圖片提供 ©FUGE 馥閣設計集團

女兒房利用開放陳列的吊掛方式，爭取使用空間。

| 提示 1 |

善用五金讓收納設計更便利

收納設計搭配五金配件，更能提升使用的便利性，不妨依照需求選擇拉籃、衣桿、褲架、領帶或皮帶架、拉籃、領帶、內褲、襪子分隔盤、襯衫抽盤架、試衣架、掛勾與層架、鏡架等設備，而這些五金都有側拉式設計，即使是較小的更衣室空間，也能便利使用。（見 P.125）

| 提示 2 |

依照使用頻率、重量、用途細分才好用

更衣室中的衣物收納原則，需考量重量與拿取便利性，最常穿的衣服放中間層，較重的褲子、裙子掛於下方，換季才會使用的棉被則放最上層。此外，也可將衣物分成使用中與清洗過兩類，更方便收放和拿取，若是空間許可，內衣褲、居

因屋主收納需求較高，床頭做滿收納櫃，中央內凹減輕櫃體沉重感覺。

家服、睡衣及浴袍等，可放在離浴室較近的衣櫃裡，與外出的衣服分開放置。因此在設計衣物收納櫃時，也可以掌握這個原則，來進行櫃體的設計。

｜提示 3｜
釐清數量與種類提升收納效能

在同一空間中，衣物種類釐清的越清楚，收納量就越能提升。精準地掌握每個區塊所需大小，避免預留空間導致的浪費，例如可折疊衣物越多，就越能節省使用空間。

｜提示 4｜
雙層掛衣桿讓收納加倍

在空間允許的情況下，提高掛衣桿的高度、以雙桿的方式讓收納增倍。為了解決上桿的拿取問題，可調整高度的設計，可以平衡不同使用者身高所帶來的困擾。

｜提示 5｜
收納手法影響硬體規劃

除了衣物的數量與種類外，收納的方式也會影響衣物的收納規劃，例如牛仔褲有人習慣用捲的，格狀櫃就很適合；喜歡折三折的，能放下三件的 90 公分抽板最完美。

｜提示 6｜
獨立更衣室可採開放層板設計

更衣室應以需求習慣和衣物種類做規劃配置，如果是獨立式更衣間，可採開放式設計便利拿取衣物，而在轉角 L 型區域則建議採 U 或 ㄇ型的旋轉衣架，增加收納量且還能避免開放式層板可能造成的凌亂感。（見 P.127）

｜提示 7｜
精算掛衣桿高度壓縮極致收納空間

由於台灣氣候關係，穿到大衣的機會不多，所以在掛衣桿的比例分配上，一般高度設定為 90 ～ 110 公分，若衣櫃高 180 ～ 200 公分，就可以規劃上下兩桿。大衣與禮服類則定為 150 ～ 180 公分，上下還可規劃其餘的收納機能。（見 P.131）

｜提示 8｜
不同收納手法分左右兩邊配置

空間足夠規劃出更衣室的話，不妨採雙排高櫃的設計方式，並根據收納手法分區配置，例如吊掛的集中在一側，摺疊衣物則全放在另一側。（見 P.126）

24個精采
衣櫃設計

圖片提供◎方構制作空間設計

超輕透

Case01
透光透氣、若有似無的更衣收納界線

屋主需求 ▶ 主臥配置了專業級音響，希望不論休息、更衣或整理物品時，能隨時隨地、無隔閡地享受音樂。

格局分析 ▶ 利用穿透感網板作為隔間材質，劃分睡寢與收納的獨立機能，又能讓採光、空氣與樂音保持流通。

櫃體規劃 ▶ 狹長更衣間中，開放式掛衣桿、活動層板，可任意增加吊掛量，創造出靈活且強大的收納性，網板厚度比一般牆體更輕薄，能充分利用每一寸空間。

好收技巧 ▶ 抽屜櫃最上層分隔出實用的收納小格，讓飾品、手錶、領帶等小物件更容易分類取用，上方冂字型鐵件吊桿嵌入線燈，提升此區照明。

鐵網材質透氣又透光。

圖片提供◎方構制作空間設計

好分類

Case02
兩排櫃牆區分吊掛、摺疊衣物

屋主需求 ▶ 需要收納量強大且便於選配服飾的更衣間。

格局分析 ▶ 利用床頭後方的配置隔間櫃牆與落地櫃，隔出一個更衣室。

櫃體規劃 ▶ 櫃牆底部兩排抽屜收納摺疊的衣服。靠牆處則配置開放式衣櫃，上下吊桿可懸掛外套與裙、褲。

好收技巧 ▶ 吊桿以鍍鈦金屬板凹折成ㄇ字型，凹槽內藏 LED 燈為衣提供充裕的柔和光源，挑選衣服時更輕鬆。

不便摺疊者放在開放吊櫃。

圖片提供 © 奇逸空間設計

底端的抽屜收納可摺疊衣服。

省空間

Case03
善用夾層樓梯創造收納機能

屋主需求 ▶ 小孩房為挑高夾層，以爸爸職業的航海為靈感，且需安排衣櫃收納。

格局分析 ▶ 利用樓梯側邊與部分船身造型下方安排衣櫃，以拉取方式運用空間。

櫃體規劃 ▶ 衣櫃位於中樞地帶，串連書桌、樓梯以及上方遊戲空間，兼具隔間、造型與收納機能。

好收技巧 ▶ 木工為基底讓櫃體高度承載力，包含五金與衣物重量；櫃體側面以大小洞口設計，讓大人小孩方便拉取櫃體，拿取衣物。

圓洞設計方便拉取櫃體。

圖片提供 © 桑丞希設計

小而美

Case04

收納籃加滑軌拿衣服好方便

屋主需求 ▶ 空間狹小，但仍希望有基本的收納需求。

格局分析 ▶ 房間坪數不大，僅能從畸零空間配置櫃體。

櫃體規劃 ▶ 利用窗與牆的畸零空間，規劃了一道瘦長的衣櫃，內部又再細分成吊掛式與抽拉籃設計，方便收納不同類型衣物。

好收技巧 ▶ 收納籃底下加了滑軌五金後，輕輕抽拉便能將衣物給取出來，相當方便。

抽籃放摺疊衣物，找衣服更快速。

圖片提供 © 摩登雅舍室內裝修

超實用

Case05

高櫃＋矮櫃物盡其用

屋主需求 ▶ 男女主人衣物不少，希望有一個完整空間收納衣服。

格局分析 ▶ 臥房內有多餘空間，可沿牆與窗邊來設計更衣區。

櫃體規劃 ▶ 高櫃採開放式設計、矮櫃則是封閉式，再將各種收納方式融入，讓衣櫃機能滿滿。

好收技巧 ▶ 高櫃內配置吊掛與收納籃，矮櫃則是抽屜與層板，可隨衣物屬性選擇適合的收納，將櫃體機能做到物盡其用。

抽屜和層板收納，可以更整齊。

圖片提供 © 摩登雅舍室內裝修

圖片提供 © 摩登雅舍室內裝修

抽拉式設計好拉也省空間。

Case06

抽拉衣櫃隱藏床頭內

屋主需求 ▶ 小孩衣服隨年齡成長不斷變化，收得好又放得多。

格局分析 ▶ 空間坪數有限，沿牆面結合收納規劃櫃體。

櫃體規劃 ▶ 床頭牆結合櫃體形式，抽拉式設計並在外加了大型扶手，拉時相當容易與方便。

好收技巧 ▶ 上下兩個吊掛之間加了層板，除了可以吊掛衣物外，衣服與層板之間的小空間，也能再摺放收納其他衣服。

圖片提供 © 摩登雅舍室內裝修

格子玻璃引入光線。

圖片提供 © 甘納空間設計

好拿取

Case07
每周替換的重點式精品收納法

屋主需求 ▶ 精品衣物眾多，除了好收整，希望能讓每日穿搭更有效率。

格局分析 ▶ 更衣間沒有對外開窗，需要解決採光問題。

櫃體規劃 ▶ 將衣物收納從密閉櫃體中釋放出來，選用格子玻璃引入寢區的自然光源，更衣室主要採鐵件吊掛展示方式規劃。

好收技巧 ▶ 以「一周穿搭」概念，讓屋主事先挑好整體衣物，更衣室透過上下前後跳躍式衣桿設計，方便不同種類衣物妥善吊掛、拿取。

鐵件吊掛方便拿取衣服。

圖片提供 © 甘納空間設計

好分類

Case08

雙層式衣物分類設計

屋主需求 ▶ 有另一臥房可放置換季衣物，主臥房衣櫃希望能特別一點。

格局分析 ▶ 主臥房可規劃衣櫃的空間深度 1 米 1、寬 2 米，規劃一般衣櫃顯得太壓迫也太小。

櫃體規劃 ▶ 採取拉門式衣櫃概念，最內層 40 ～ 45 公分深度作為層架、拉籃、抽屜，最前端則是吊掛衣物為主。

好收技巧 ▶ 只要將吊掛衣物往另一側移動就能拿取摺疊衣物。

鏡子可拉出使用。

圖片提供 © 甘納空間設計

超好收

Case09

雙層衣櫃容納一家三口衣服

屋主需求 ▶ 一家三口的衣服樣式很多，長度也都不一樣，穿過的衣服也不想收進衣櫃裡。

格局分析 ▶ 15 坪的小套房，複合式的機能才能達到更大的使用效益。

櫃體規劃 ▶ 以能爭取更多一層收納空間的雙層衣櫃，運用軌道能前後移動。

好收技巧 ▶ 前後排的衣櫃設計可將男、女性衣服進行適當分類，搭配吊桿、置物格、抽屜的設計，滿足各種衣物的收納。

吊桿上端設有燈光，找衣服更方便。

圖片提供 © 力口建築

軌道五金讓衣櫃移動更順暢。

好拿取

Case 10
布幔、吊桿打造優雅簡潔衣櫃

屋主需求 ▶ 希望能與原本住家風格有所區分，營造截然不同的放鬆氛圍。

格局分析 ▶ 已有獨立收納區，臥房與淋浴、泡澡機能連結一處，毋須龐大衣櫃占據坪數。

櫃體規劃 ▶ 利用吊桿打造收納主體骨架，深綠布幔呼應寢區色調、作遮蔽功能，簡單打造隨身替換衣物的臨時收納區。

好收技巧 ▶ 高、低吊桿提供不同衣物分層懸掛，下方錯落木作平台擺放行李包、提袋，抽屜則方便收納貼身衣物、備品等小物。

平台可收提袋和行李箱。

圖片提供 © 甘納空間設計

圖片提供 © 甘納空間設計

Case 11

地板延伸天花的高坪效衣櫃

抽屜適合收納貼身衣物。

屋主需求 ▶ 需要簡潔扼要、一目了然的收納規劃，活用過道動線。

格局分析 ▶ 更衣間位於主臥寢區與衛浴過道，需妥善利用ㄥ型轉角牆面滿足衣物收納需求。

櫃體規劃 ▶ 開放式櫃體由地板延伸天花，鋪貼木質材營造高級感；懸掛、抽屜、層架搭配應用，滿足不同衣物最佳收納方式。

好收技巧 ▶ 採懸浮吊桿與開放層架，讓大部分衣物展示陳列，貼身衣物藏於抽屜中；上方則規劃收整過季寢具、服飾。

圖片提供 © 尚藝設計

超好收

Case 12

專屬客製的好用收納

不裝門片方便拿取衣物。

屋主需求 ▶ 屋主有大量的收納衣物需求。

格局分析 ▶ 更衣室主要收納男、女主人衣物，因此收納空間以一人一邊做安排，方便配合各自的衣物類型，安排吊衣、拉欄、抽屜等收納櫃的型式與數量。

櫃體規劃 ▶ 收納櫃左右分配，製造男女主人不重疊，行走順暢的動線。

好收技巧 ▶ 收納櫃一律不再加裝門片，方便屋主挑選衣服，至於內衣等貼身衣物，則收在隱私性高的抽屜。

圖片提供 © 禾光室內裝修設計

三層滑櫃創造豐富收納量。

中間還藏有穿衣鏡。

機能強

Case 13
善用小空間收納做好做滿

屋主需求 ▶ 由於主臥衣櫃受限坪數有限，加上需容納兩人衣物以及外出行李箱。

格局分析 ▶ 衣櫃旁剛好內隱電箱的隔間牆，因此只能在 110 ～ 120 公分的寬度安排收納。

櫃體規劃 ▶ 整體以系統收納，利用三層滑動衣櫃滿足吊掛、折放需求，右側壁面剛好內嵌 80 公分深度，可放外出的行李箱。

好收技巧 ▶ 內層上方可收納棉被，中間可懸掛或折疊收納衣物，第二層為拉式穿衣鏡；外部以門片與抽屜收納私密的內衣褲。

Case 14
MUJI SUS 系統櫃依照習慣自由更動

屋主需求 ▸ 因為衣服很多希望能有獨立更衣室。

格局分析 ▸ 獨立更衣室具有挑高空間。

櫃體規劃 ▸ 利用挑高空間做夾層收納，衣物收納使用 MUJI 的 SUS 系統。

好收技巧 ▸ 超過系統櫃高度的夾層，收納換季衣物與行李箱等等，而因為 MUJI 的 SUS 系統櫃可以自由組裝依照自己習慣的收納方式選擇掛（吊衣桿）、折（層板），或抽屜，好拿好收又能滿足收納量。

自由組裝概念更有彈性。

圖片提供 ◎ 非關設計

Case 15
衣物分區收納，巧用畸零空間成為衣帽櫃

屋主需求 ▸ 希望有一整面衣櫃滿足衣物量多的需求，並希望有收納使用過衣物與外出包包的衣帽櫃。

格局分析 ▸ 臥房門後有畸零空間，如不能妥善利用非常浪費。

櫃體規劃 ▸ 除了在床邊設計整面衣櫃以外，並善用門後空間打造開放式衣帽櫃收納穿過的外套與外出包包。

好收技巧 ▸ 衣櫃內分為三類：上下吊衣桿能吊掛常穿衣物、上方為吊衣桿下方為拉藍收整輕便、貼身衣物，及能吊掛長大衣、洋裝等，讓所有衣物輕鬆收納。

吊掛穿過的衣物。

圖片提供 ◎ 拾隅空間設計

可收納常用的外出包包。

內部用層板格層方便分類。

超好收

Case16
開放封閉門板滿足各式收納

屋主需求 ▸ 由於退休夫妻的衣物收納量沒有很多，希望臥室櫃子，除了衣櫃能有收納其他物品的空間。

格局分析 ▸ 衣櫃的正上方，剛好有根大梁柱，為了增加收納量，在梁下設計一組高櫃。

櫃體規劃 ▸ 屋主的衣物不多，因此在長度 350 公分、深度 60 公分的白色高櫃中，右邊三組長條封閉式門板為衣櫃，左方有開放式櫃子能收納其他物品。

好收技巧 ▸ 封閉式門板衣櫃中，有再以抽屜、層板格層，便於屋主分類衣物，左方開放式櫃格，能讓屋主展示蒐藏品，也能放置較常拿取的吹風機等物品。

圖片提供 © 構設計

最上面還能收衝浪板和行李

超神奇

Case17
更衣間不僅可收納、可玩樂還是區域界定

屋主需求 ▸ 以親子互動的概念打造全室空間。

格局分析 ▸ 全室打通的空間，設計師以更衣室量體作為睡眠區與公共空間的過度，並創造出可以玩的環狀動線。

櫃體規劃 ▸ 除了內部吊掛設計以外，更衣間的各個立面設計、進門櫃體內都設計不同機能：一面以黑色霧面美耐板搭配底部鋼板，是孩子的塗鴉天地，另一面則為洞洞板方便吊掛衣物。

好收技巧 ▸ 櫃體向上發展，與天花板之間嵌入吊桿，可收納衝浪板、雪板、行李箱，收納一應俱全。

圖片提供 © 築樂居

高度設計讓小朋友
可輕鬆拿取衣物。

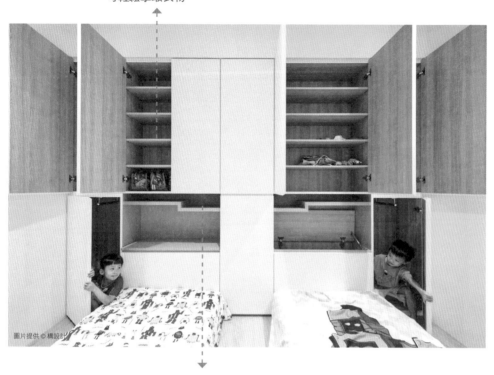

圖片提供 © 構設計

收納睡前讀物與玩具。

Case 18

整面櫃牆滿足 2 孩臥室

屋主需求 ▶ 臥室需要容下兩個小男孩睡臥的
需求，以及時常來訪奶奶過夜的機動性。

格局分析 ▶ 臥室的上方有跟很大的橫樑，在
橫梁下方製作至櫃，增加臥房的收納量。

櫃體規劃 ▶ 大面牆櫃可分為上下兩部分，上
部分為封閉門板衣櫃，下部分鄰近床鋪，以
鏤空的方式設計，作為孩子的床頭櫃。

好收技巧 ▶ 上方櫃體內部為活動層板，能依
使用需求機動調整高度，中間段鏤空的床頭
櫃，可讓孩子方便收納床前故事書或玩具，
下方是設計上掀式櫃體，可收納換季棉被等。

圖片提供

簡潔俐落鐵件提供吊掛功能。

圖片提供 © 商點子創意設計

Case 19
ㄇ字型鐵件輕鬆吊掛衣物

圖片提供 © 商點子創意設計

屋主需求 ▶ 有大量吊掛的衣物，期望更衣室有足夠空間吊掛，輕鬆搭配每日穿搭。

格局分析 ▶ 更衣室在主臥旁、浴廁正前方，為狹長型空間，牆面外為走道，設計開孔引入光源，也增添趣味。

櫃體規劃 ▶ 為了善盡每寸空間，設計ㄇ字型動線，圍塑出便於更衣的空間，並以鐵件為吊掛衣架，懸空矮櫃減輕量體笨種感。

好收技巧 ▶ 右側吊掛衣物鐵件為兩層，上、下皆可吊掛，前方、左側鐵件下方，設計總長約 300公分的矮櫃，便於平整收納折好的衣物。

收最多

Case20

L 型櫃體滿足不同衣物收納

屋主需求 ▶ 需要有足夠的空間收納折式、吊掛式衣物，以及換季棉被、被單等寢具。

格局分析 ▶ 因為主臥室空間不大，只有 2 坪，因此利用臥床上方空間、左側設計收納櫃。

櫃體規劃 ▶ 為了提升坪效，以 L 型的方式規劃臥房收納動線，設計深度 35 公分、高度約 100 公分的吊櫃，以及頂天立地的高櫃。

好收技巧 ▶ 吊櫃可收納折好平整衣物，中間刻意鏤空留白、打上燈光，減輕壓迫感，臥床左側高櫃，能滿足收納吊掛衣物、棉被等。

圖片提供 ◎ 靁點子創意設計

高櫃收納吊掛衣物類別。

電視牆後方空間不浪費也能收衣服。

圖片提供 © 相即設計 攝影 ©Andy's Photography

Case21

超大容量衣櫃整合電視牆

圖片提供 © 相即設計 攝影 ©Andy's Photography

屋主需求 ▶ 衣服很多，也想在臥房看電視。

格局分析 ▶ 主臥房床尾走道約 70 ～ 80 公分左右，需在有限空間滿足生活機能。

櫃體規劃 ▶ 利用主臥房床尾規劃整面衣櫃，但考量門片厚度約 5 公分，若再設置門片懸掛電視會讓走道變窄，因此搭配巴士門五金使門片達到平移推拉效果。

好收技巧 ▶ 因搭配平移門片，電視後的衣櫃完全可使用，沒有浪費的問題，下方搭配抽屜，可收納設備與摺疊型衣物或是配件，左右兩側衣櫃則適合懸掛大衣或放置行李箱。

超能收 Case22

多面向收納創造空間最大化利用

屋主需求 ▶ 需要擺放供奉神明桌，小孩房也要有足夠的衣櫃收納。

格局分析 ▶ 30 坪的住家需劃設三房二廳，必須讓每個空間達到最大化的利用。

櫃體規劃 ▶ 在玄關與小孩房之間置入一座多面向量體，透過木皮的線條分割，巧妙將把手隱藏期間，同時也成為造型，淡化櫃子的存在性。

好收技巧 ▶ 面向小孩房的部分包含衣櫃，神明桌下隱藏深度達 200 公分左右的儲物櫃，藉由軌道、輪子五金裝置可輕鬆拉出使用，另一個面向玄關則是鏤空展示櫃。

圖片提供 ©FUGE 馥閣設計集團

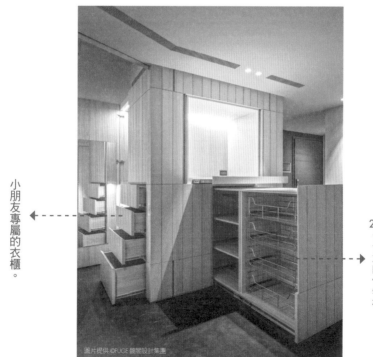

小朋友專屬的衣櫃。

200 公分深的儲物櫃。

圖片提供 ©FUGE 馥閣設計集團

超激量

Case23
微型宅的強大收納設計

屋主需求 ▶ 夫妻倆退休後的居所，二個兒子偶爾也會來留宿陪伴，衣物或是寢具收納少不了。

格局分析 ▶ 空間僅有 10 坪左右，挑高 3 米 6 的屋高，必須充分利用高度創造坪效。

櫃體規劃 ▶ 以三道量體區劃可互動又保有隱私的美好距離，適當搭配開放式收納設計，讓空間保有通透性。

好收技巧 ▶ 鄰近玄關的第一個量體下方整合衣櫃、儲藏櫃、開放層板等機能，往內的榻榻米量體，床頭後方包含展示層架與抽屜可收納被品等，右側落地櫃體同樣也是衣櫃。

上方櫃體可收被品和寢具。

圖片提供 ©FUGE 馥閣設計集團

衣櫃的背面為鞋櫃，
轉角也隱藏儲物間。

圖片提供 ©FUGE 馥閣設計集團

大容量

Case24
樺木量體打造豐富儲藏兼更衣室

屋主需求 ▶ 居住成員僅夫妻倆，希望動線流通，有很多衣服需要收納，不喜歡傳統門扇、門框的設計形式。

格局分析 ▶ 全室坪數僅 15 坪，劃設了 2 房格局，以建築概念為出發，跳脫牆與門的分配方式，重新定義小宅隔間與生活。

櫃體規劃 ▶ 拆除原始隔間，在空間的中央置入三座大小不等的量體結構，就像房子裡的小建築般，劃設出各種生活機能，面對房間則成為衣櫃，從玄關也能直接通往更衣間。

好收技巧 ▶ 在樺木合板為主的開放式陳列衣物之外，另搭配灰調系統櫃打造抽屜收納，因未做天花板，屋高 3 米的條件下，上端仍可放置較不常使用的物品或是行李箱。

環繞式動線創造自由流通的空氣與陽光。

與天花板之間的高度還可以放行李箱或雜物。

圖片提供 © ST design studio

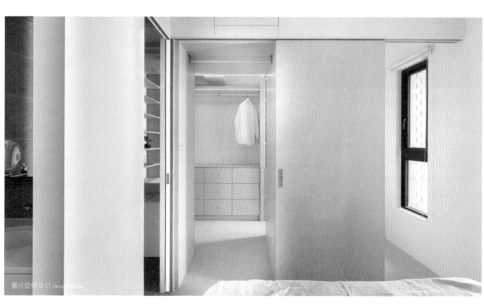

圖片提供 © ST design studio

Chapter **06** 臥室

Part.2

保養品放在桌面不好看，如何設計才能好拿又不亂？

設計
關鍵提示

圖片提供◎亮丞希設計

利用衣櫃的側面規劃開放格櫃，可整齊擺放保養品或化妝品，又不會直接被看到。

| 提示 1 |

不正對入口的開放式規劃

當滿手卸妝油、或眼線不小心畫歪了，急需面紙、棉花棒支援，還要開門或開抽屜才拿得到總是令人困擾，所以開放式規劃才是王道，只要掌握「不正對入口」的終極原則，還是能保持美觀整潔視感。

| 提示 2 |

系統五金層板打造多樣保養品收納

化妝檯通常為主要的保養品收納處，結合系統五金層板，可增加自己需要的網籃、鏡子、側拉抽等多功能配置。常用的保養品最好以開放式擺放，拿取比較方便。（見 P.140）

圖片提供 © 演拓空間設計

梳妝檯採用嵌入衣櫃的設計，不僅可避免鏡面正對床的禁忌。
開畸零空間的產生，運用霧面拉門隨時
隱藏，也能避免鏡面正對床的禁忌。

| 提示 3 |

化妝檯合併收納櫃

若保養品數量眾多，與其打造一個龐大的化妝台，不妨將梳妝檯與收納櫃體合併，簡化空間量體所帶來的負擔，共享收納空間。（見 P.143）

| 提示 4 |

複合式規劃共用收納

為了使用方便，保養品通常跟著化妝檯走，當住家空間有限，可利用複合式概念整合，化妝檯可結合視聽櫃、衣櫃等不同區塊，共享同一收納空間，是比較經濟、美觀的方式。（見 P.143）

| 提示 5 |

系統板材尺寸應選 60 公分

化妝檯、衣櫃若採用全系統櫃處理可省下不少預算、並縮短工期，更能滿足大部分收納需求。需注意的是系統板材是否足夠堅固，若一般木作層板為 80 公分，系統板材則建議做 60 公分，避免過度載重而變型。

| 提示 6 |

在抽屜設計分格

如果不喜歡化妝品放在桌上的凌亂感，建議可在抽屜設計分格，將化妝品通通收進抽屜裡。分格式的設計能讓每個化妝品都整齊地擺放，不但容易拿取，又能一目了然看到所有的物品。

| 提示 7 |

化妝檯面設計小凹槽

作為女性梳化一天妝容最重要的場所，為了配合其使用高度並照出使用者的上半身，鏡面通常只會設計在離地 85 公分上下而已。面對高矮不一的化妝品，強制設定一個收納高度反而不好使用，不妨在化妝檯面設計一個高度 15 ～ 20 公分的小凹槽，就能一次解決各類高矮化妝品的收納需求了。（見 P.141）

| 提示 8 |

白光 + 黃光化出美美的妝

白天和夜晚的光線條件不同，也影響了化妝的方式，因而在化妝檯的設計上，建議同時將黃光和白光的燈泡都規劃在內，才能不論何時都能化出美美的妝。

8個精采
化妝櫃設計

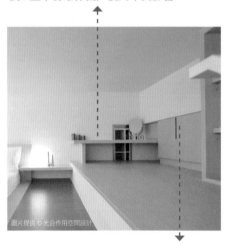

超好拿

Case01
用上掀板擴增梳妝機能

圖片提供 © 光合作用空間設計

上掀板內藏保養品。

屋主需求 ▶ 瓶瓶罐罐的保養品數量多、尺寸又不統一。

格局分析 ▶ 夾層有側樑且採光窗又在同一區位，若以櫃體遮擋將會犧牲原有優勢。

櫃體規劃 ▶ 以總橫寬 128、深約 40 公分的倒 L型平台拉出化妝區，確保光、風不受阻，再用活動式上掀板遮擋雜物。

好收技巧 ▶ 可全然隱藏的上掀板不佔據使用動線，內部全空設計，讓瓶罐擺放更具彈性。

最好找

Case02
柱體深度化身指甲油展示

層板前緣加高，減少碰撞掉落危險。

圖片提供 © 尚展設計

屋主需求 ▶ 女主人經營指甲油公司，需要牆面展示大量產品作評賞。

格局分析 ▶ 主臥與梳妝間有結構柱，與電視櫃的迴轉動線及通往衛浴走道相鄰。

櫃體規劃 ▶ 沿柱體橫向拉出展示區塊，再順應柱體深度，區隔出 11 格固定式、深約 12 公分的分層。

好收技巧 ▶ 米白底色的開放式層架，讓多彩指甲油能盡情綻放魅力，除了取用便利外，淺距也減少產品重疊被遮掩可能。

Case03
化妝櫃整合衣櫃

屋主需求 ▶ 需要保養品收納的空間，但又不想要化妝鏡對著床。

格局分析 ▶ 三片大拉門從入口算來依序是衣櫃、電視牆、化妝檯。

櫃體規劃 ▶ 櫃體厚度 45 公分，放入椅子也能將門片合攏。

好收技巧 ▶ 中段的層板為主要保養品的收納處，右方延伸利用電視牆後方 35 公分的閒置空間。

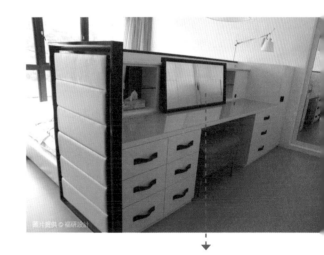

利用薄型電視後方閒置空間，變成開放層架收納。

圖片提供 © 逸喬設計

Case04
中島化妝檯兼床頭板

屋主需求 ▶ 女主人希望保養品、化妝棉等化妝用品能收得整齊。

格局分析 ▶ 臥房擁有絕佳的綠意景觀，床舖必須面向窗外設計。

櫃體規劃 ▶ 床頭板的背後結合梳妝檯機能，包覆性的整合設計更省空間。

好收技巧 ▶ 可推拉式的鏡面設計，輕易就能將瓶瓶罐罐的凌亂感隱藏，要用的時候也非常好拿。

圖片提供 © 福研設計

鏡子可左右移動遮住凌亂。

超創新 Case05

抽板讓床頭櫃變化妝檯

屋主需求 ▶ 有一些基本保養品，希望有個小空間收納。

格局分析 ▶ 一進門就是客廳，沒有可發揮規劃為玄關的空間。

櫃體規劃 ▶ 床旁邊有設置床頭櫃，但其中除了抽屜還加了抽板，除了收納基本保養品外，拉開抽板還能當簡易化妝桌。

好收技巧 ▶ 抽屜與桌板都加了抽拉式軌道五金，增加方便性。

拉抽式軌道五金，可拉出一張化妝桌。

圖片提供 ◎ 摩登雅舍室內裝修

二合一 Case06

符合屋主站著化妝的化妝櫃

屋主需求 ▶ 屋主習慣站在浴室鏡子前化妝，希望保養品也能適合站著使用。

格局分析 ▶ 衛浴緊鄰更衣室，再加上屋主習慣，化妝櫃的規劃也將有別以往。

櫃體規劃 ▶ 利用更衣室其中一個櫃體，設計抽板及化妝品收納抽屜。

好收技巧 ▶ 由於屋主使用關係，所設計的櫃體高度也適合站著時使用，貼近屋主也大幅提升使用好感度。

抽屜收保養品。

圖片提供 ◎ 禾光室內裝修設計

抽板能當桌板。

收最多

Case07

薄型立櫃周年慶囤貨也能收

屋主需求 ▶ 屋主有保養品要收納，希望能集中擺放好尋找、拿取。

格局分析 ▶ 臥房入口一進門便直接看到床，有風水問題、視覺也頗為尷尬。

櫃體規劃 ▶ 在臥室入口天花板處，加了一道木架構，連同櫃體形成 L 造型，滿足保養品櫃需求，也化解風水問題。

好收技巧 ▶ 薄型櫃體內規劃不同層格，方便分類收納，並在外觀上加了門片造型，輕關上就能展現櫃體乾淨面貌。

收納櫃兼具臥房隔屏。

圖片提供 © 摩登雅舍室內裝修

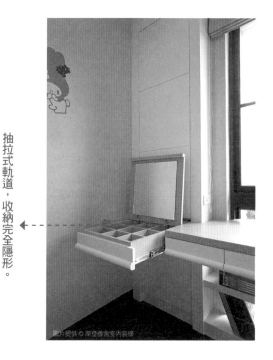

二合一

Case08

珠寶盒化妝櫃

屋主需求 ▶ 想要收納保養品的位置，也希望有個化妝桌。

格局分析 ▶ 房間坪數約 1 坪半不到，僅能沿牆找畸零空間做櫃體。

櫃體規劃 ▶ 利用窗與牆的畸零空間，將抽屜、化妝桌板嵌入其中，再運用五金做機關式的收納，達到屋主渴望的收納與使用需求。

好收技巧 ▶ 桌板、抽屜以加入抽拉式軌道，方便使用時拉出；抽屜內則是以類似珠寶盒概念來做設計，層格內可放入各式各樣的保養品。

抽拉式軌道，收納完全隱形。

圖片提供 © 摩登雅舍室內裝修

Chapter 06 臥室

Part.3

棉被、大小不一的行李箱，有哪些收納規劃的方式？

設計
關鍵提示

圖片提供 © 亂點子創意設計

將木地板架高直接作為床鋪區，床榻下方設計拉抽，以真空壓縮袋收納的棉被就能放置於此。

| 提示 1 |

掀床收納被褥好方便

棉被屬於體積大但重量輕的物件，所以一般都收到衣櫃上層或是儲藏間，但數量一多總是很占位置，如果可以選擇掀床，下方大空間足以放入多套替換被褥，省下其餘收納空間，解決換季收納困擾。

| 提示 2 |

掀床要挑選符合載重的合格產品

掀床是房間空間有限時，可容納大型家用品如棉被、娃娃等物品的好地方，但需注意的是掀床打開時會承載床墊與床板的重量，尤其要考量女性使用的方便與安全性，可請設計師與廠商提供適合的合格安全產品。（見 P.154）

圖片提供 © 禾光室內裝修設計

|提示 3 |

床頭櫃寬 30～40公分收棉被最好用

　　一般床頭櫃最好使用的寬度約 30～40 公分，而高度會需要配合床墊、床頭櫃、化妝檯 高度，通常會有 60～70 公分，除了上掀方式，正面開啟可已降低高低差，拿取更方便。（見 P.146）

|提示 4 |

衣櫃隔板設計收納棉被

　　換季棉被過去多半收納在衣櫃上層，但上層終究難以拿取，因此現在也有人開始將棉被收納在衣櫃下方，或是在衣櫃內採取直立隔板收納，同時應以市面上常見的真空壓縮袋輔助，如此一來需要的空間就不用太大。

|提示 5 |

無踢腳板直接推入好方便

　　行李箱有一定的尺寸跟重量，建議放置在儲藏室，或是大型衣櫃、鞋櫃的下方，避免踢腳板或框架、門檻設計，直接推入收納最便利省事。（見 P.149）

|提示 6 |

使用頻率決定行李箱收納地點

　　一些使用機率低的中小型行李箱、登機箱，建議可以直接放在衣櫃上方就好，但若行李箱使用率高或是 28、29 吋以上的大型行李箱，則多建議直接放入衣櫃下方或儲藏室等便利拿取的位置。

|提示 7 |

善用衣櫃冷門角落收行李箱

　　整座衣櫃的最高與最低處，都是使用上比較不方便的地方，適合規劃作行李箱的收納。較輕便的登機箱或軟式行李箱就適合收在高處；較大型的款式就收於低處，記得省去踢腳板，可以讓行李箱直接推入。（見 P.147）

|提示 8 |

地板下收納應使用專用吸盤

　　地板下收納櫃大多都按扣式把手，雖開取簡單，但時間久了容易因面板重量造成故障或把手內堆積灰塵，如收納櫃開啟是以地板式專用吸盤，上方櫃面與地平能簡潔一體化且縮小面材之前的縫隙。

8個精采
行李箱、
棉被收納

雙向推拉門，使用更便利。

圖片提供 © 合砌設計

超好收

Case01
善用結構凹角成球袋、行李箱與大衣收納

屋主需求 ▸ 平常有打打高爾夫球的休閒嗜好，希望高爾夫球袋和行李箱可以更方便取用。

格局分析 ▸ 為新成屋，進門右側既有一個超過 90 公分深度、寬 210 公分的凹角結構，作為鞋櫃深度太深難以使用。

櫃體規劃 ▸ 利用此凹角規劃出以玻璃拉門打造的儲藏空間，雙向推開的拉門，左邊另有掛衣桿和抽屜式收納。

好收技巧 ▸ 打開拉門就能直接把行李箱推入、進出拿取球袋也更加便利許多，同時也把電箱、弱電箱整合隱藏在儲藏間。

圖片提供 © 合砌設計

「高」承載 Case02

維持屋高優勢的天花板收納

屋主需求 ▶ 屋主偏好開闊優雅的空間感，藉由下至上的足量收納設計，讓生活雜物隱於無形。

格局分析 ▶ 空間具有 3 公尺挑高優勢，但開窗幾乎全集中在右側，因此將收納與櫥櫃盡量規劃於左側暗角，以避免遮蔽採光。

櫃體規劃 ▶ 廚房收納、櫥櫃與衛浴入口門片，透過深色調整合成一個連續立面，櫃體表面並以特殊塗料與金屬漆作出手作肌理與光澤質感。

好收技巧 ▶ 高挑的樓板不作夾層，而是加高櫥櫃高度並搭配下拉式五金，並在餐廚區上方增設天花板收納，可放置較少使用的行李箱與季節性雜物備品。

增設天花板收納，
可放行李箱。

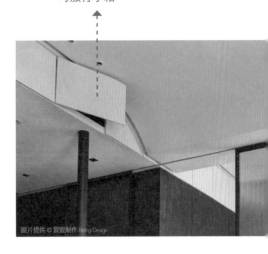

圖片提供 © 質覺制作 Being Design

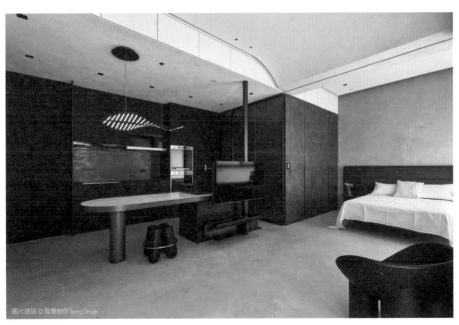

圖片提供 © 質覺制作 Being Design

藏有上掀櫃子。

圖片提供 © 蟲點子創意設計

抽屜好拉出使用。

好拿取

Case03

床架增設抽屜收納量瞬間 UP

屋主需求 ▶ 15 坪的新成屋中，僅有 2 坪的主臥室中，需要滿足臥房中的衣物、寢具收納。

格局分析 ▶ 主臥室雖為長方形格局，但是坪數不大，因此將收納櫃子置於牆面，中間空間擺放臥床。

櫃體規劃 ▶ 由於空間有限，床架設計成臥榻形式，下方增加抽屜，臨窗處下方為上掀式櫃子，床鋪正上方設計吊櫃，增加臥室的收納量。

好收技巧 ▶ 床架下方以方便抽拉的抽屜，便於拿取物品，臨窗下方以上掀式櫃子，便於收納棉被等寢具，吊櫃則可以收納衣物。

省空間

Case04

善用衣櫃閒置角落

屋主需求 ▸ 偶爾短期出差、需放置小行李箱與公事包。

格局分析 ▸ 為符合屋主使用習慣,將事務機、防潮櫃與衣物整合同一櫃體。

櫃體規劃 ▸ 衣物多為襯衫、西服,所以以吊掛為主。下方空間剛好可放入登機箱與每天都會用的公事包。

好收技巧 ▸ 考量到短期出差使用的行李箱較輕便,可以規劃在衣櫃閒置角落,在收拾衣物時更加便利。

吊掛衣服下方可收納小登機箱。

圖片提供 © 演拓空間設計

超實用

Case05

門片式櫃體再深也拿得到

屋主需求 ▸ 煩惱棉被沒地方收。

格局分析 ▸ 複層空間,僅能透用樑下找尋適合的收納空間。

櫃體規劃 ▸ 沿樑下規劃一處置物櫃,可用來收納厚重棉被之需要。

好收技巧 ▸ 櫃體門板以開式門片為主,打開時不會影響行走動線,櫃體深度做的深,也能拿得到東西。

圖片提供 © 摩登雅舍室內裝修

橫樑下變棉被收納空間。

Case06

隱藏式

白色櫃牆整合行李箱、棉被收納

屋主需求 ▶ 喜歡前衛、極簡的風格。

格局分析 ▶ 床頭的後方與側面則為閒置的白牆。

櫃體規劃 ▶ 純白門片為無把手設計，垂直凹縫活潑了全房的空間背景。

好收技巧 ▶ 櫃內配置抽屜與活動層板。前者便於收納小型雜物，後者則能因應旅行箱、棉被或書籍等的不同尺寸來靈活調整。

吊櫃底部內藏可充當床頭燈的間接照明。

圖片提供 © 奇逸空間設計

門片勾勒垂直凹槽來取代把手，
同時成為立面的裝飾線條。

Case07
推開貨櫃拉門隱藏行李箱、雜物收納

圖片提供 © 合砌設計

屋主需求 ▶ 工作需求必須經常出差，希望行李箱可以在容易拿取的地方，返家收納也可以更便利些。

格局分析 ▶ 僅有 11 坪的空間，須思考如何創造出儲藏機能。

櫃體規劃 ▶ 利用玄關轉折處既有的 65 公分深度，規劃出層板式收納功能，並以木作搭配貨櫃門卸下的五金打造擬真度極高的貨櫃門，但又可以降低軌道的承重度。

好收技巧 ▶ 推開門片就能直接把行李箱推入，上面層板還可以多收納其他生活雜物。

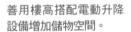

增加層板收納雜物。

Case08
電動升降櫃把行李箱隱形化

善用樓高搭配電動升降設備增加儲物空間。

圖片提供 ©FUGE 馥閣設計集團

屋主需求 ▶ 需要有收納行李箱的地方，又怕佔空間。

格局分析 ▶ 挑高 4 米 2 的 15 坪小宅，利用樓層間產生的畸零深度，預留給升降櫃使用。

櫃體規劃 ▶ 搭配電動升降五金配件，櫃體隱藏於挑高結構內，一點也不佔空間。

好收技巧 ▶ 升降櫃可收納 2 個行李箱，後方空間則是留給吊隱空調主機使用。

Chapter 06 臥室

Part.4

飾品配件、包包丟進櫃子很難找，怎麼收才好找不顯亂？

設計
關鍵提示

圖片提供 © 爾聲空間設計

硬包可以將櫃子劃分出格子，採直放的方式一個包一格擺放。

|提示 1|

包包以拿取便利為主要考量

　　收納包包的櫃子，如果櫃深淺，在視覺上便於拿取；如果櫃身深，建議以抽籃或抽板方式收納，比較不會受到深度的影響，造成使用上的不便利。（見 P.152）

|提示 2|

分格或堆疊視包包的軟硬決定

　　包包的收納會因為軟包或硬包而有不同設計，硬包可以將櫃子劃分出格子，採直放的方式一個包一格擺放，就不會發生包包相互擠壓，導致變形的狀況；軟包則可以採取堆疊的方式，放置在層板上。

攝影 ©Yvonne

不常用的包款建議用防塵袋包好後收納，避免灰塵附著。

|提示 3 |
降低層板高增加包包收納數

　　除非空間足夠的情況下，不然家用的層板高度盡量降低，才能有效增加收納量，而且只要深度足夠，一般包包還是能平放進去，也讓陳列架更豐富。

|提示 4 |
開放分格、大抽屜讓包包更好收

　　大多數的做法是利用層板開放式分格設計，讓包包分開擺放不會變形，而且開放式的設計可以維持通風效果，不容易發霉，或者是選擇直接在衣櫃下方，以高度約 50 公分的大抽屜進行收納規劃，也是既簡單又方便的收納方式。（見 P.155）

|提示 5 |
利用現成收納小物輔助飾品分類

　　建議先統計好配件數量有多少之後，再以現成的格盤取代木作，或自行以隔板分格，最能符合需求。因為木作一旦做了就很難被變動，如果要做成可變化的設計，木作花費勢必會提高預算，建議可以購買現成品搭配使用來得經濟實惠。

|提示 6 |
規劃過度精細收納易有排他性

　　不妨簡化為 T 字型設計，也就是在中間隔開，將抽屜分成兩區取代一格格的方格彈性較大、可依照不同需求而變化，使用起來反而不會受到既定格子的限制。

|提示 7 |
訂製首飾盒每個櫃體都適用

　　事先了解各式飾品的數量與種類，量身訂製九宮格飾品盒，不僅讓貴重小物各歸各位不亂跑，還能依各種抽屜櫃體的長寬訂做，活動式設計可以隨抽屜的收納機能而更動。

|提示 8 |
中島展示櫃適合小物收納

　　中島收納櫃可以整合大量的小抽屜，搭配十字格最適合首飾、配件的收納；上方玻璃櫃更達到展示效果。包包收納除非有足夠的空間，盡量縮小體積會是比較適當的方式。更衣間收納建議以部分開放手法，適當搭配門片美化視覺。（見 P.154）

7個精采
包包飾品
配件收納

抽屜可分類飾品。

圖片提供©拾隅空間設計

超好收

Case01

垂直收納衣物、飾品再多也不怕

屋主需求 ▶ 屋主衣物、飾品很多，希望能在主臥空間設計更衣室。

格局分析 ▶ 主臥空間變大，因此能隔出一間方正的更衣室空間。

櫃體規劃 ▶ 屋高較高，因此除了三面櫃體具有吊掛、層板、抽屜收納以外，上方也設有門片能收納換季衣物、棉被與行李箱等，並於中間設置飾品中島。

好收技巧 ▶ 飾品中島的抽屜具有不同深度能分類收納；側邊座椅除了方便著裝也虛化櫃體感受。

開放玻璃層架方便穿搭選配。

Case02
開放層板展示鞋包物件好拿取

屋主需求 ▶ 屋主喜愛皮衣與風格服飾,希望漂亮的衣服、鞋包配件能展示出來。

格局分析 ▶ 主臥電視牆的背面以長虹玻璃隔出更衣室,透光的特性讓空間擁有明亮度。

櫃體規劃 ▶ 口字形更衣室裡,打造可收納服飾的吊衣區,中央為展示鞋包配件的展示區,靠窗櫃體收藏公仔玩具,並延伸書桌。

好收技巧 ▶ 擁有寬裕空間的收藏皮外套與平時穿的衣服;中央以開放層板展示區,鞋包物件一目了然,搭配時非常好拿取。

圖片提供 © 郝軼空間設計

Case03
橫桿鐵件吊掛衣帽

屋主需求 ▶ 需常常出差;有帽子與絲巾的收納需求。

格局分析 ▶ 獨立的更衣室有兩面對外窗,全遮蔽會導致陰暗、要閃過則影響收納量。

櫃體規劃 ▶ 以鐵件吊掛衣物方式,能讓自然光隱約地透入室內。配合屋主 180 公分的身高,所以將櫃體提高為 95 公分、充當最符合人體工學的工作檯面。

好收技巧 ▶ 橫桿鐵件解決衣帽吊掛問題。下方櫃體部分規劃十字抽可擺放領帶、腰帶等小物,下方還有德式拉籃供雜物收納。

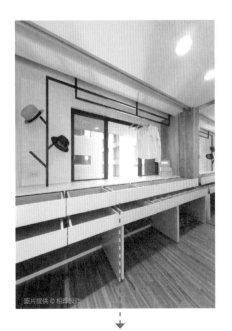

圖片提供 © 相即設計

檯面也能整燙衣物。

好時尚
Case04
黑玻櫃增透視添質感

屋主需求 ▶ 女主人衣物及飾品不少，希望分類整理時要能一目了然，容易尋找。

格局分析 ▶ 更衣室雖是長型的格局，但因走道幅寬達 120 公分又是開放收納，故不顯得窄迫。

櫃體規劃 ▶ 將櫃體做 74 公分段落切割降低冗長，櫃體上緣飾以鍍鈦板增加華麗。

好收技巧 ▶ 平檯用強化黑玻與抽屜融合，方便透視收納。鋼刷木皮則輝映出對比質地。

黑玻檯面方便透視又具造型修飾。

小而美
Case05
輕巧而大容量的九宮格設計

屋主需求 ▶ 有限主臥空間需安排梳妝台，及收藏絲巾、飾品等配件的機能。

格局分析 ▶ 由於梳妝台正對床鋪，特別利用玻璃雙開門片區隔，也讓良好光線走進室內。

櫃體規劃 ▶ 收納機能靠牆設計，拉出走道動線；上方吊櫃設計可懸掛衣物與收納帽子、包包；下方利用九宮格概念的小抽屜收藏小物件。

好收技巧 ▶ 9 宮格收納櫃以系統櫃打造，並安排夫妻倆一人一座櫃體，絲巾或小物件皆可捲起來再收放櫃內，創造大容量收納。

9 宮格可收納絲巾或手錶。

好分類

Case06
根據皮件與飾品做細部設計

屋主需求 ▶ 女主人的精品包包種類非常多,有些需要平躺,但有的必須站立收納,也希望可以一目了然讓她好穿搭。

格局分析 ▶ 利用主臥房寬敞的空間,除更衣間之外,另規劃一區專屬的包包飾品配件的櫃牆。

櫃體規劃 ▶ 將一整面的櫃體劃分出對開門片與層板的組合,以及抽屜、抽盤式等不同設計,門片表面繃布提升精緻度與質感。

好收技巧 ▶ 抽屜主要放置飾品,抽盤則是擺放手拿包、薄型肩背包等小型皮件或是帽子,最上層較高的層板則可收納包包的盒子與大型皮件。

圖片提供 ©FUGE 馥閣設計集團

薄型包包專用收納。

好分類

Case07
公事包、後背包好收也好拿

公事包、背包收納。

屋主需求 ▶ 男主人有公事包、後背包等不同種類的包包,也有收藏鐘錶的嗜好,上班穿搭襯衫也須搭配不同領帶。

格局分析 ▶ 主臥室內根據男女屋主需求客製化衣櫃,櫃體外採隱藏式把手,打造整齊俐落的立面。

櫃體規劃 ▶ 著重櫃體內細部的各種配件與衣物收納,包含長形格子櫃、抽屜、層板等設計,甚至連門片也能收納公事包。

好收技巧 ▶ 抽屜可以收領帶跟名錶,每一格長形櫃子主要放後背包與公事包,最右側深度約 40 公分左右的層板就用來放送洗回來的襯衫,每一疊都看得到顏色,更方便挑選。

圖片提供 ©FUGE 馥閣設計集團

乾洗襯衫專屬收納層架。

Chapter 06 臥室

Part.5

玩具收納該怎麼做，才能方便小朋友自己收拾、拿取？

設計
關鍵提示

圖片提供 ◎ 拾隅空間設計

將開放式櫃體降低高度，更符合孩子使用，格櫃可搭配收納做使用，或是直接放置玩具。

| 提示 1 |

利用下櫃做為玩具收納區

其實並不需要為玩具專門製作一個收納櫃，建議可與衣櫃合併使用，但最好先找到深度夠深、放得下大小玩具的玩具箱或網籃，再規劃衣櫃的尺寸，以便能容納玩具箱的體積。而收納玩具的位置以「沒有門片的下櫃」為主，方便盒子或籃子直接推入置放。（見 P.159）

| 提示 2 |

多設計活動抽屜因應日後使用

漫舞設計設計師林育如表示，小朋友長大的速度很快，因此並不需要為現階段特別設計，以免長大無法延續使用，建議可在衣櫃內可設計多一些活動式抽屜，可依小孩子衣物收納的需求靈活調整，並因應日後使用需求的改變。

圖片提供 © 構設計

收納玩具的位置以「沒有門片的下櫃」為主，方便盒子或籃子直接推入置放。

| 提示 4 |

小朋友參與設計過程

利用訂製方式，結合床組與收納時，可以先詢問小朋友的需求，再將常用的用品工具融合進去，如此一來除了達到整合收納目的，小朋友也比較有參與設計的感覺，日後培養收納習慣更事半功倍。

| 提示 5 |

隨孩子成長的機能大抽屜

要方便收放玩具、書籍，收納區塊要規劃在櫃體下方，尺寸可規畫較大較深，讓孩子輕鬆把東西都收進來。大抽屜在孩子長大後，就能轉作過季衣物或棉被等燒大物件的收納空間。

| 提示 6 |

門片整合多元收納

利用玩具箱、抽屜等方式收納孩子不同大小的玩具、書籍，加裝門片能解決視感雜亂的困擾。利用檯面取代單椅，充當孩子的遊戲桌與大人的陪伴椅，釋放出更多的活動空間。（見 P.165）

| 提示 7 |

鮮豔玩具箱是物歸原位的關鍵

利用色彩吸引小朋友注意，是培養物歸原位的第一步，能幫助小朋友學習並分辨收納物品，玩具箱可準備各式大小尺寸，以便容納各種體積的玩具。（見 P.164）

| 提示 8 |

收納箱重量應輕巧

要讓小朋友能自己收拾玩具，玩具箱的設計必須要輕巧，他們才能好推好拿，同時也要注意開闔的設計要方便，避免小朋友夾到手，櫃體也應儘量靠牆設計，釋放出中央位置，提供小朋友遊戲活動使用。（見 P.165）

10個精采
玩具櫃收納

超好收

Case01

挑高梯面融入收納機能

屋主需求 ▶ 小孩房裡希能能隨手方便拿取與收納玩具，維持乾淨整齊的空間感。

格局分析 ▶ 利用夾層的樓梯結構面，因擁有較寬、陡坡的特色來納入玩具收納。

櫃體規劃 ▶ 整體利用乘載重量度高的木作設計打造，樓梯踏階的側面以拉取抽屜式打造五個收納空間。

好收技巧 ▶ 樓梯上方規劃遊戲區，當小朋友想玩遊戲時，或玩累了，需收好玩具時，都能就近收納在樓梯處。

拉取式的抽屜結合玩具收納。

圖片提供 © 堯丞希設計

Case02
降低高度方便孩子自己收

屋主需求 ▶ 小朋友玩具要好收好放。

格局分析 ▶ 臥房的坪數較小。

櫃體規劃 ▶ 拆除原有客浴將壁面後退、規劃收納櫃體,與後方的主臥更衣間共享空間。

好收技巧 ▶ 利用系統櫃的便利性,下方較深的大抽屜,讓小朋友的玩具都能收納其中。

抽屜高度符合小朋友使用。

Case03
符合幼兒使用高度,
養成收納習慣

屋主需求 ▶ 小朋友現在兩歲多,希望兒童房空間能夠依照成長彈性調整。

格局分析 ▶ 空間安定面少,能規劃做收納空間的地方並不多。

櫃體規劃 ▶ 衣櫃以淺色門片為主讓空間顯得更為寬闊,並減少量體壓迫感;側邊則依照幼兒高度設置吊櫃。

好收技巧 ▶ 側邊衛浴門旁 20 公分深度,上方以網子收納玩偶,下方則設計吊櫃櫃收納小朋友玩具與童書,100 公分左右高度方便幼兒拿取。

100 公分高度讓小朋友好拿取。

圖片提供 ©CONCEPT 北歐建築

 最有趣

Case04

用樂高積木裝潢，築一道親子共樂牆

屋主需求 ▶ 除了客餐廳、臥房等基本需求之外，也希望為不同家庭成員打造了各自專屬的休閒角落與興趣收納牆。

格局分析 ▶ 餐廳後方一個約 2 坪空間，以櫃體隔出獨立遊戲區，剛好用以展示爸爸的樂高收藏，同時也作為小孩活動的遊戲角。

櫃體規劃 ▶ 遊戲區的牆面，設計深度剛好可擺放樂高人偶模型的層架，大片灰色塊面則為積木底板，可以直接在上頭拼砌組合樂高，當有訪客來時，也可透過活動式拉門調節露出展示區塊。

好收技巧 ▶ 牆櫃的右側以木作挖出四個大孔洞，剛好可放入壓克力的玩具收納筒，遊戲時方便整筒取下，玩完之後再整筒放回。

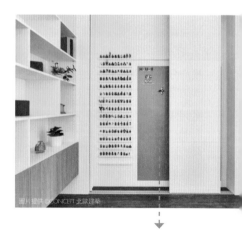

圖片提供 ©CONCEPT 北歐建築

灰色可直接拼組樂高。

Case05
半透明收納點綴大景畫面

屋主需求 ▶ 希望將小朋友的眾多玩具收納好，不破壞整體居家設計。

格局分析 ▶ 孩子還小、不能獨立就寢，兒童房暫時為玩具室功能。

櫃體規劃 ▶ 獨立玩具房提供充足收納空間，隔間牆採半透明長虹玻璃，於臨窗處擺放鮮豔的各式玩具，頓時為公共場域注入愉悅的色彩語彙。

好收技巧 ▶ 開放木作層架搭配活動透明置物箱，分門別類收納各種尺寸的玩具，輕淺色布簾取代櫃體門片，靈活調整睡眠亮度與保護隱私。

圖片提供 © 甘納空間設計

圖片提供 © 甘納空間設計

長虹玻璃創造半透明視覺效果。

Case06
和室地坪收納與親子童玩時光

屋主需求 ▶ 這是一個共享概念空間，能提供孩子作為下課後活動的地方，大人也能在此工作並陪伴小孩。

格局分析 ▶ 由於老屋的排水管線全部重新整頓配修，形成地坪的高低差，剛好可做成格櫃收納，也自然而然地劃分出隱形的空間界定。

櫃體規劃 ▶ 為了讓多功能和式空間更適合小孩遊戲、坐臥，以矮櫃與地下化收納為主；右側複合吧檯是一座簡易廚房，可當作孩子的料理教室，將電器等集中放置在內側，外側則是較美型的展示櫃。

好收技巧 ▶ 架高的地板邊界，同時兼具座椅、格櫃與結構增強三種機能，友善小小孩身形的距離與高度，讓孩子自己就能輕鬆拿取書籍與玩具並練習整理。

格櫃也是為了增強結構。

Case07
遊戲、收納、成長傢具一次滿足

屋主需求 ▶ 希望家中有一個多功能兒童遊戲室，可能玩耍又具有完善的收納功能。

格局分析 ▶ 多功能房內善用巧思結合遊戲、收納並能依照成長彈性調整。

櫃體規劃 ▶ 利用牆面深度做一個可以當小房間的凹洞，下方則放置伸縮樓梯不占空間。

好收技巧 ▶ 小朋友還小的時候凹洞可以當遊戲室或房間，長大後則可以變成收納櫃，旁側洞洞板門片可以安裝木棒掛東西，而樓梯具有抽屜功能，一物多用。

圖片提供 © 非關設計

可伸縮樓梯也是抽屜。

圖片提供 © 非關設計

複合式

Case08
好拿易收納滿足孩子遊戲時光

屋主需求 ▶ 屋主 2 個兒子因年紀小，多功能室除了書房，也成為小孩的遊戲室。

格局分析 ▶ 空間左側通往公領域，如有隱私需求，可關上門片成為獨立空間。

櫃體規劃 ▶ 考量小朋友身高，在櫃體下方擺放不織布玩具箱，臥榻下也結合抽屜式收納。

好收技巧 ▶ 櫃體下方的彈性空間，讓小朋友收取玩具都好便利；臥榻則特別設計木框腳底板，方便踩踏至臥榻區，拉取下方抽屜。

彈性搭配不織布玩具箱。

好拿取

Case09
善用夾層階梯下方為收納櫃

屋主需求 ▶ 小孩房需容下兩個孩子的睡寢、書桌、衣櫃等。

格局分析 ▶ 小孩房為夾層，上層可容納一人臥鋪，另一人睡在下層，兩張書桌靠向牆面兩側。

櫃體規劃 ▶ 運用夾層必經的階梯，於下方設計玩具收納櫃，透過不同大小的長方形、正方形門片，直橫交錯，增添小孩房童趣。

好收技巧 ▶ 階梯收納櫃最下方，為了方便孩子拿取玩具，設計便利的抽屜，其餘為封閉式櫃，保持櫃體簡約表情，也能省去積灰困擾。

圖片提供 © 晶點子創意設計

階梯收納櫃下方是抽屜，
方便小朋友自由拿取

好輕鬆

Case10
滾輪抽屜邊推邊收

屋主需求 ▶ 小朋友的玩具希望能收得乾淨整齊，屋主也有收藏樂高的嗜好。

格局分析 ▶ 打開客廳後方的一房，做為開放式書房，讓爸媽與孩子保有親密互動。

櫃體規劃 ▶ 開放式書房規劃出臥榻下的抽屜收納，以及右側倚牆的矮櫃，上端搭配鐵件與層板交錯打造簡約俐落且富有層次的陳列平台。

好收技巧 ▶ 臥榻下的每個抽屜都有裝設滾輪，可輕鬆移動整理玩具，選用6公分厚度的木板，加上兩側植鐵板於牆內，加強承重性。

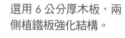

選用 6 公分厚木板，兩
側植鐵板強化結構。

圖片提供 © 木介空間設計

Chapter 07 浴室

Part.1

洗面乳、牙膏牙刷等盥洗用品，有更好的收納方法嗎？

設計關鍵提示

壁掛式的大面鏡櫃不但可延展視覺，也能夠收納沐浴用品、盥洗用品等等。

圖片提供 © 禾光室內裝修設計

|提示1|

收納在浴室相鄰的櫃子裡

一般使用中的盥洗用品，利用簡單的鏡櫃或下方收納櫃就能輕鬆隱藏，備品則通常因為體積大、數量多，可選擇與浴室相鄰的櫃體存放，萬一要臨時取用也比較方便。（見 P.171）

|提示2|

防潮材質延長收納櫃壽命

浴櫃的收納最怕濕，尤其盥洗面盆下方斗櫃還會有管線問題，所以可選用人造石、鏡面、玻璃、鋁框等防水材質延長使用壽命。下方管線則可使用門片加拉籃方式，與管線做區隔。

|提示3|

衛浴小物收納便利使用最重要

為了便利使用，衛浴用品的收納最好能在隨手可及之處，透過加大的鏡櫃、收納櫃，讓小東西能收納於其中。鏡面的反射與木皮特有紋理，也降低了量體增加對衛浴空間所帶來的壓迫。

圖片提供©合硯設計

浴櫃高度通常離地大約 78 公分，高度較為舒服。

|提示 4 |

依濕度挑選層板材質

比較容易潮濕的空間盡可能避免使用木作、美耐板等材質，以免水氣進入受損或發霉。除了塑料之外，其實玻璃這類材料最適合做為浴室層板，清透簡潔且不易沾染霉菌，抹布即能擦乾清理。

|提示 5 |

活動層板讓瓶罐找到容身之處

浴室內的瓶罐多，必須事先預留好空間擺放，瓶罐的收納設計，以層架最利於拿取，或者也可以分隔層架收納，當做是裝飾的單品陳列。如果不想曝露在外，也可將浴室洗手台的鏡子改為鏡櫃，才不會讓全部瓶罐堆在桌面及檯面顯得雜亂，保持淨空與乾淨。（見 P.169）

|提示 6 |

上下層物品分類放好拿又好整理

鏡櫃也稱為鏡箱，通常分為滑動式和開闔式，鏡箱內則以層板居多，建議上層可放瓶瓶罐罐，手可直接拿取，方便使用，下層則擺放擠壓式的牙膏、洗面乳等，因為這類物品較易顯得雜亂，放在下方一方面可隨時整理，另一方面也不會一打開門就看到亂七八糟的物品。

|提示 7 |

浴櫃檯面建議離地 78 公分

綜觀所有的櫃體設計，一般可作為工作檯面的書桌、流理檯或是浴櫃檯面，多會建議設計到 60 公分，才是最好使用的深度。雖然如此，浴櫃終究不像流理檯、衣櫃等牽涉許多固定尺寸，到底櫃面要做到多大？還是會依照自家臉盆大小，來進行適度調整。整體高度，則約離地 78 公分左右。

|提示 8 |

鏡櫃深度多為 12 ～ 15 公分

不同於化妝檯多是坐著使用，衛浴鏡櫃因為使用時多是以站立的方式進行，鏡櫃的高度也因而隨之提升。櫃面下緣通常多落在 100 ～ 110 公分，櫃面深度則多設定在 12 ～ 15 公分左右，收納內容則以牙膏、牙刷、刮鬍刀、簡易保養品等輕小型物品收納為主。（見 P.170）

10個精采
盥洗收納

Case01

超能收

巧用五金，讓物品整齊歸位

屋主需求 ▶ 希望能把所有的衛浴用品都收納整齊。

格局分析 ▶ 將衛浴隔間稍微外移，擴大主浴空間，讓坐輪椅的長者也能自由進出。

櫃體規劃 ▶ 檯面下方除了設計收納衛浴備品的空間外，也另外設置髒衣籃，方便放置脫下的衣物。而上方則設計鏡櫃，九宮格的設計讓各種小物都能各歸其位。

好收技巧 ▶ 選用廚房常見的拉籃設計作為浴櫃使用，可放置漱口杯和牙刷，檯面就能維持整潔。拉籃寬度建議在 15 ～ 20 公分，深度約在 58 ～ 60 公分，拉籃下方則建議施作透氣孔，加速水氣散逸。

圖片提供 © 演拓空間室內設計

拉籃下施作透氣孔，可揮發水氣。

Case02

不鏽鋼浴櫃輕薄不怕濕

屋主需求 ▸ 衛浴需兼顧舒適、實用與清新的風格。

格局分析 ▸ 格局方正的衛浴間,以半牆、透明玻璃隔出乾溼分離。

櫃體規劃 ▸ 左半側並以不鏽鋼打造層板,同材質並延伸至淋浴區化為橫架,可擺放各式沐浴用品。

好收技巧 ▸ 高級不鏽鋼無畏溼氣,且能打造輕薄的量體。

圖片提供 © 奇逸空間設計

不鏽鋼橫向架子可擺放各式沐浴用品。

Case03

檜木浴櫃散發自然芬多精

屋主需求 ▸ 講究實用性,希望浴室裡的每一個物品都有專屬的收納空間。

格局分析 ▸ 浴室僅有一扇對外窗,必須保留其採光與通風性。

櫃體規劃 ▸ 採用屋主母親最喜愛的檜木材質訂製鏡櫃、面盆下浴櫃,浴櫃門片線條傳達日式語彙,為避免遮擋採光,櫃體刻意往右設計。

好收技巧 ▸上方鏡櫃可收盥洗用品,使檯面能維持整齊,右側長型浴櫃下方空間則可放置垃圾桶。

利用浴櫃後方深度安排毛巾桿,使用更方便。

圖片提供 © 甘納空間設計

最整齊

Case04
畸零角落創造玻璃層架

屋主需求 ▶ 浴室小物能輕鬆收納使用。

格局分析 ▶ 浴室與寢區使用磨砂拉門區隔，兼顧透光與隱私雙需求。

櫃體規劃 ▶ 鏡櫃尺寸加大，馬桶側邊的畸零角落也規劃為玻璃層架。

好收技巧 ▶ 洗面乳、牙膏、牙刷等小物皆可收於鏡櫃後方，沐浴乳、洗髮乳等可置放於玻璃層架上，遮擋凌亂感。

圖片提供 ©FUGE 馥閣設計集團

玻璃材質層架可避免水氣潮濕的問題。

最好收

Case05
多元五金運用解決凌亂

屋主需求 ▶ 浴室空間有限，又不希望檯面上放滿盥洗用品。

格局分析 ▶ 利用面盆下方規劃浴室收納櫃。

櫃體規劃 ▶ 洗手檯下方浴櫃包含抽屜、門片、拉籃配件的收納方式。

好收技巧 ▶ 拉籃可收放漱口杯、牙刷牙膏，小抽屜則能放其它衛生用品、吹風機。

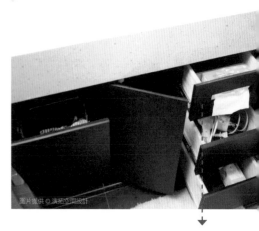

圖片提供 © 演拓空間設計

抽屜的開口設計也方便拿取衛生紙。

好拿取

Case06
洗手台減一個，多出盥洗用品收納區

屋主需求 ▶ 符合動線、乾淨舒爽的衛浴空間。

格局分析 ▶ 方正通風的衛浴空間，洗手台原設有兩個臉盆。

櫃體規劃 ▶ 浴櫃下方依照動線設置開放與門片收納，開放部分可放置洗衣籃與替換毛巾，門片內則可放衛浴備品。

好收技巧 ▶ 原本洗手台臉盆由兩個改為一個，浴缸側邊多出能放盥洗用品的位置。

圖片提供 © 拾隅空間設計

開放設計收納毛巾。　　可放置洗衣籃。

反射光創造美肌效果

收最多

Case07
共享雙洗手台與兩人收納量

屋主需求 ▶ 主臥衛浴空間不大，仍需滿足夫妻兩人的盥洗空間及收納設計。

格局分析 ▶ 洗手台背面以玻璃門區隔浴缸泡澡區，收納需安排在洗手台的立面。

櫃體規劃 ▶ 中間以開放的木質展示櫃為設計，兩邊對稱鏡面後方也安排夫妻兩各自的盥洗收納；隨著天花嵌入 LED 鋁燈條的反射光線，展現美肌光線。

好收技巧 ▶ 整體收納櫃以木作打造，上方收納比較輕巧、乾燥的盥洗物品，下方以抽屜、開放層架安排可易取的毛巾、衛生紙等用品。

圖片提供 © 雲溪空間設計

超整齊

Case08
物品各有所歸，維持整潔檯面

屋主需求 ▶ 女主人習慣在浴室做完保養程序，必須有置放化妝品和保養的空間。

格局分析 ▶ 獨立拉出洗手檯，與更衣室通道齊平。檯面上方以玻璃區隔，採光得以深入衛浴。

櫃體規劃 ▶ 為了防止水潑濺到收納區，避免久了插座和美耐板材有所損壞。檯面刻意拉升約 8 公分，作為擋水之用，有效延長櫃體的使用壽命。

好收技巧 ▶ 右方的開放層架作為放置保養品的區域，下方則配置髒衣籃和拉籃，拉籃可放置漱口杯，物品各有所歸，避免檯面凌亂。

圖片提供 © 演拓空間室內設計

刻意拉高 8 公分可以擋水。

Case09

空間交集，串起獨立又緊密的生活趣意

屋主需求 ▶ 通透的收納隔屏，讓甜蜜夫妻可相互關注，也能維持彼此作息的獨立性。

格局分析 ▶ 客廳隔間櫃的背面兼容盥洗區收納，透過高低段差與雙面設計，空間部分重疊又能彼此獨立，使地坪的使用效益極大化。

櫃體規劃 ▶ 灰米色調的檯面，為盥洗區與客廳視聽櫃兩面延伸共用，因此在材質選擇上需同時顧及乾溼兩用，以木作搭配鐵件強化櫃體結構。

好收技巧 ▶ 直徑 6 公分的鏡櫃支撐柱，同時也是電視軸架的線路收納槽，鏡櫃除了放置牙刷、杯具等，並將充電式盥洗用品所需的插座，隱藏美化於其中。

鏡櫃放置牙刷與杯具。

進口特殊塗料防水也耐踩踏。

超廣度

Case 10

左右橫幅移動，增添鏡櫃可變性

屋主需求 ▶ 屋主平常出門前習慣在衛浴空間裏，將盥洗、梳妝一氣呵成，採用大尺度檯面，讓使用動線如行雲流水般自然順手。

格局分析 ▶ 主臥衛浴約 3 坪，於兩牆之間釋放盥洗檯尺度，寬裕的衛浴空間在視覺上更顯大器。

櫃體規劃 ▶ 一字延展的平台採用仿蒙馬特灰白色大理石，底下搭配鋸橫紋的深木皮櫃體，並鑲嵌古銅色鍍鈦板作為抽屜與門片取手。最左側下方可掛毛巾之外，並有內抽放置女主人保養品。

好收技巧 ▶ 上櫃的黑鐵件結構，底部局部封板、局部開放交錯，以增添吊掛機能；左右橫移式鏡面，則可依使用者習慣隨心所欲調整位置。

鏡子可以隨意左右移動。

Chapter **07** 浴室

Part.2

毛巾、衛生紙、垃圾桶，怎麼放才會順手好用又美觀？

設計
關鍵提示

圖片提供 ©FUGE 馥閣設計集團

結合浴櫃側面的空間規劃衛生紙專屬區域，順手好抽也更加美觀。

|提示 1|

衛生用品可整合於浴櫃或牆面中

衛生用品如衛生紙，可整合於靠近馬桶的浴櫃或牆面中，但若選擇嵌入於牆面的設計，必須特別留意收邊和材質，才能使埋於牆面中的嵌入式設計，達到美觀又好用的功能。（見 P.178）

|提示 2|

不常使用的備用物品可置於浴櫃

每天會用到的盥洗用具可收納於鏡箱中，而存放用的衛生紙或沐浴乳、洗髮精、甚至毛巾、浴巾等，因為不需要經常拿取使用，則可擺到位於下方的浴櫃，偶爾彎腰、蹲下拿取即可。（見 P.184）

|提示 3|

善用浴室五金達到方便與安全性

毛巾類可按照使用用途分類，置放於使用順手的動線處，再搭配浴巾架和毛巾架等五金，例如擦手毛巾可掛在臉盆旁，浴巾則可吊掛在靠近淋浴區的地方，毛巾或浴巾架除了收納之外，也能當作扶手使用，提高浴室的安全性。

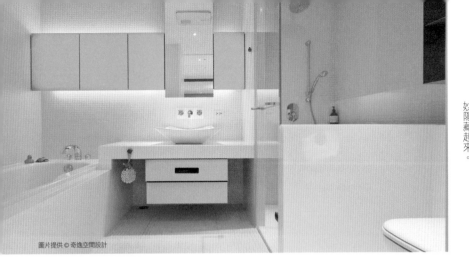

圖片提供©奇逸空間設計

浴櫃下方櫃體門片貼心設計方便抽拉衛生紙的開孔，讓衛生紙巧妙隱藏起來。

|提示4|

運用毛巾籃將毛巾隱藏起來

如果覺得毛巾的顏色、材質與浴室不搭，或不想讓毛巾外露，也可運用將毛巾籃隱藏於櫃中的設計，將使用過的毛巾直接放入籃中，每天替換新的毛巾，為浴室質感加分。

|提示5|

洗手台下或活動式皆宜

收集衣物的洗衣籃通常會設置於浴室內，沐浴後即可隨手丟入換洗衣物，建議可在洗手台下規劃置放區域，以「下掀」與「可提拿」的方式設計，方便在換洗後帶到洗衣空間清洗，或者也可規劃有輪子的提籃式收納設計，與浴櫃融合為一體，不會顯得突兀、不美觀。

|提示6|

衛生紙內嵌壁面省空間

衛生紙雖然體積不大，但是是浴廁必需品，要好用又得防潮，除了常見放置位置如馬桶水箱上、外凸的捲式衛生紙架，內嵌壁面設計不僅不怕撞到受傷，更順手

好用，但要記得事先定位馬桶與凹洞相對應位置，才能達到最佳效果。（見 P.179）

|提示7|

發泡板最適合當浴櫃板材

浴櫃材質首重就是防潮防水，除了傳統木櫃之外，發泡板其實更適合做浴櫃設計。其特徵在於類塑料材質，即使泡在水中也不會腐爛，可依需求選用 12mm、15mm、18mm 厚度，越好的發泡板內氣孔越小，較不易彎曲變形。（見 P.186）

|提示8|

利用浴櫃側邊擺放衛生紙

吊掛的衛生紙架，尺寸適合平版衛生紙；若把整包抽取式衛生紙擺在檯面，難看也不順手。因此，不妨借用浴櫃的側邊打造收納衛生紙的凹槽，裡頭還可存放兩、三包當備品呢！（見 P.183）

17個精采
衛生用品
收納

門片設計收得更整齊。

收最多

Case01

利用浴室入口設置毛巾櫃

屋主需求 ▶ 希望能幫規劃毛巾置物空間。

格局分析 ▶ 選擇從入口處來規劃置物櫃，以不破壞格局完整性。

櫃體規劃 ▶ 浴室前轉角樑下配置了頂天立櫃，也成功消弭橫樑的突兀感。

好收技巧 ▶ 櫃體一半開放一半封閉，開放可以放展示品，封閉則用來收納毛巾物品，清楚區分不擔心會搞錯。

超好拿

Case02
抽屜式衛生紙盒

屋主需求 ▶ 避免外露垃圾桶、衛生紙等用品。

格局分析 ▶ 全戶不大，浴室窄迫且陰暗。

櫃體規劃 ▶ 沿窗邊配置洗手台、旋轉浴鏡與儲物櫃。

好收技巧 ▶ 位於馬桶對面的上層抽屜，抽頭開個長型孔洞，隨手就能抽取裡面的衛生紙。

圖片提供 © 奇逸空間設計

長方形孔洞，是衛生紙的出口。

二合一

Case03
浴櫃整合梳妝保養收納

毛巾備品櫃在門後有專屬收納櫃。

屋主需求 ▶ 坪數有限，希望能在浴室保養，以及需要容納洗衣機。

格局分析 ▶ 原本浴室的空間狹小，將臥房、浴室的入口動線調整過後，浴室變得更寬敞。

櫃體規劃 ▶ 浴櫃延伸放大整合梳化的功能，門後更配有毛巾、備品收納櫃。

好收技巧 ▶ 局部開放層架可收毛巾、保養等生活用品。

圖片提供 ©

超方便

Case04

毛巾櫃整合浴櫃

屋主需求 ▸ 浴室要保持乾燥潔淨。

格局分析 ▸ 有限的衛浴空間中，除了洗手檯面，另外規劃浴櫃增加收納機能。

櫃體規劃 ▸ 鏡面、人造石、木作，使用防潮材質打造盥洗場域。

好收技巧 ▸ 開放式的層板收納，洗手之後能隨手拿取毛巾擦拭，乾淨的衣物也可放置在此。

防潮材質更適合浴室環境使用。

最隱形

Case05

櫃體、鏡櫃延伸容量增一倍

抽屜可收乾淨的毛巾、浴巾。

屋主需求 ▸ 夫妻倆對於設計的接受度很廣，希望能擁有如飯店般質感的浴室。

格局分析 ▸ 主臥衛浴空間寬敞，以迴字形動線安排淋浴、馬桶與泡澡浴缸，給予自在無拘束的使用模式。

櫃體規劃 ▸ 過道檯面延伸入內成為雙洗手檯與梳妝檯，無形中也更延展開闊了空間尺度。

好收技巧 ▸ 過道部分的 28 公分櫃體，因深度較淺適合收納衛生紙或是沐浴用品的囤貨，檯面下則搭配抽屜、開門式櫃體，讓屋主彈性分類使用。

Case06
衛生紙內嵌廁區壁面

圖片提供 © 演拓空間設計

屋主需求 ▶ 浴室想保持清爽，不想要多餘櫃體佔空間。

格局分析 ▶ 為飯店的浴室，看起來簡潔清爽是第一要務。

櫃體規劃 ▶ 把面紙內嵌於磁磚壁面中，以不鏽鋼做防水面板，省去面紙盒所需的放置空間。

好收技巧 ▶ 只要事先規劃好馬桶的位置，在壁面預留空間，就可以成為順手好用的面紙抽取設計。

不鏽鋼面板可防水。

Case07
乾濕分離解決衣物潮濕困擾

圖片提供 © 演拓空間設計

屋主需求 ▶ 換洗衣物收納能順手好用。

格局分析 ▶ 乾濕分離衛浴。

櫃體規劃 ▶ 將收納機能整合於面盆下方，預防衣物潮濕問題。

好收技巧 ▶ 髒衣物可在沐浴前放入衣籃，再進入沐浴空間，合理動線讓使用更方便。

此開口可投入髒衣物。

投入口下方為門片，以便拿出衣籃，孩房門片往右就能隱藏洗衣藍。

圖片提供 © 福研設計

省空間

Case08
洗衣籃藏進儲物櫃

屋主需求 ▶ 洗衣籃一直放在走道上，實在很不美觀。

格局分析 ▶ 小坪數房子的收納機能有限，但又不想要大幅變動格局。

櫃體規劃 ▶ 儲物櫃區分為上下二個櫃體，下櫃的開放設計正好能放下一個洗衣籃。

好收技巧 ▶ 洗完澡走回房間時就能將髒衣服隨手丟進洗衣籃，也不用擔心衣服會被水淋濕的問題。

圖片提供 © 福研設計

Case09
面紙箱讓空間更俐落

屋主需求 ▶ 希望有固定位置藏納衛生紙,降低凌亂感。

格局分析 ▶ 乾濕分離的長型浴室約 1 坪半大小。

櫃體規劃 ▶ 馬桶上方木箱做抽取口和備品收納。

好收技巧 ▶ 用栓木貼皮木芯板拉出長檯,不僅使木箱變成造型一環,也擴增了使用面積;15 公分深則不致影響馬桶使用。

抽取口和備品區結合有型又俐落。

圖片提供 © 尚展設計

兩面鏡櫃讓瓶瓶罐罐收得更整齊。

收更多

Case10
雙倍大鏡櫃滿足盥洗、梳妝功能

屋主需求 ▶ 希望可以在浴室梳妝,避免一早出門打擾到另一半。

格局分析 ▶ 原本浴室包含了淋浴、浴缸,但夫妻倆對泡澡的需求不高。

櫃體規劃 ▶ 取消浴缸設備之後,將洗手檯整合梳妝功能,以 L 形檯面、轉角櫃打造而成,讓女主人可以舒適地完成妝容。

好收技巧 ▶ L 形轉折的兩面鏡櫃賦予了極高的收納量,右下的開放層板也能搭配收納籃擺放常用的毛巾、保養品等等。

圖片提供 © 懷特空間設計

最好放

Case 11
抽屜分層收毛巾

屋主需求 ▶ 以前浴室空間不夠，毛巾、換洗衣物都只能堆在毛巾桿上。

格局分析 ▶ 夫妻倆居住的 15 坪小屋，既有浴室較為狹小。

櫃體規劃 ▶ 木作訂製的儲物櫃，下方採取抽屜分層設計，表面噴灰漆與整體色調更為吻合。

好收技巧 ▶ 洗好的浴巾、毛巾可整齊收在抽屜內，就動線上來說也非常方便。

小毛巾放這裡。◀ - - - - -

圖片提供 © 力口建築

↑
大抽屜可收浴巾。

Case 12
飯店式的舒適美型,用溫柔款待身心

屋主需求 ▶ 由於經常差旅出國,屋主習慣飯店式的盥洗檯設計,期待每日都能舒適的在大檯面上從容梳洗。

格局分析 ▶ 原有的主臥衛浴和更衣室都過於窄小、不易使用,將兩個空間隔牆拆除、整合為一,避免過多門片與空間的浪費。

櫃體規劃 ▶ 衛浴入口動線右側的乾區位置,將樑柱形成的畸零角落打造成置頂的大容量櫃體,可存放所有的衛生紙、沐浴備品等,用完時方便就近補充。

好收技巧 ▶ 將盥洗檯面放大,在淡暖色的大理石側邊挖出衛生紙的抽取開口,減少視覺上的雜亂感,美型又實用。

圖片提供 ©CONCEPT 北歐建築

預留衛生紙抽口設計,減少雜亂感。

圖片提供 ©CONCEPT 北歐建築

高機能　Case 13

乾淨俐落且強化收納機能

屋主需求 ▶ 此為屋主兒子使用的主臥浴室，較輕量化以及盥洗用具需收納空間。

格局分析 ▶ 乾濕分離的衛浴空間裡，需要將盥洗與衛生用品妥善收納，保持視覺清爽與乾淨。

櫃體規劃 ▶ 整體以木作加烤漆的收納設計，鏡面兩側以開放層板櫃體的方式，拿取洗面乳或是隱形眼鏡時，一目了然。

好收技巧 ▶ 三片鏡面後方還結合收納機能，讓盥洗收納備品量可達最大；下方則可放毛巾與乾淨的清洗衣物，拿取也較為便利。

開放層架可放置毛巾。

最好收　Case 14

重整格局、拉長檯面擴增多元收納

屋主需求 ▶ 居住成員為一對夫妻，不需要二套衛浴，希望能整合成一間大衛浴，也偏好長型檯面。

格局分析 ▶ 將兩套衛浴變更為比一般衛浴稍大的空間。

櫃體規劃 ▶ 將洗手檯面延伸至馬桶側邊，除了有充足的浴櫃，壁面更多了吊櫃增加儲物，馬桶後方則是利用管道間、結構柱所產生凹角規劃層架。

好收技巧 ▶ 馬桶側邊的開放層架適合用來收納衛生紙、毛巾等用品，後方層架可放置香氛、植物等點綴增加生活感。

側邊層架可收納衛生紙。

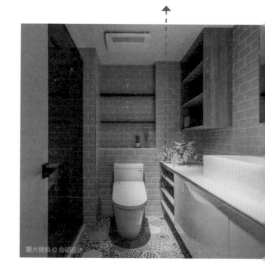

超好收

Case 15

依照拿取動線規劃浴櫃，好拿又好收

屋主需求 ▶ 希望在主臥衛浴使用乾溼分離收納，保持室內乾燥。

格局分析 ▶ 長型的主臥浴室具有柱體與柱體之間凹陷的畸零空間。

櫃體規劃 ▶ 利用浴室中間的畸零空間設計上下櫃，上櫃為通風格柵櫃，下櫃則為開放層板櫃。

好收技巧 ▶ 依照浴室所需沐浴與清潔用品動線拿取規劃不同收納方式，有面盆下方浴櫃、也有收納高低櫃、分門別類具有有開放式（下櫃）、格柵（上櫃），與門片（浴櫃）三種不同功能。

三種門片設計根據收
納物品有所差異。

圖片提供©非關設計

圖片提供 © 橫設計

好拿取　Case16
利用洗手盆下空間為浴櫃

鏤空平台可放
置毛巾或搭配
藤籃使用。

屋主需求 ▶ 希望浴室可以有足夠的收納空間，且方便拿取毛巾等衛浴用品。

格局分析 ▶ 原浴室格局狹窄又長，在調整儲藏室空間後，動線較為方正，可設置獨立浴缸。

櫃體規劃 ▶ 在面盆下方設計大收納櫃，有橫向的的抽屜，中間為鏤空設計，浴缸前設置 120 公分長的人造石層板。

好收技巧 ▶ 收納櫃中間鏤空，便於屋主放置竹籃、毛巾，輕鬆營造出飯店高級感，人造石層板則便於拿取沐浴乳等盥洗用品。

圖片提供 © 橫設計

省空間

Case 17
開放分層可收毛巾與衛生紙

屋主需求 ▶ 希望衛浴空間可以整齊清爽。

格局分析 ▶ 為女孩房獨立的衛浴,雖然空間不大,但浴室收納必須充足。

櫃體規劃 ▶ 將櫃體與面盆做整合,再搭配鏡櫃設計增加儲物機能。

好收技巧 ▶ 浴櫃轉角兩側的開放式設計,最外側是放置衛生紙,面向人站立的部分則是用來放乾淨衣物與毛巾,沐浴後拿取替換更便利。

圖片提供 ©FUGE 馥閣設計集團

轉角櫃專門收納衛生紙。

Chapter 08 其它空間

Part.1

好討厭收東西，可以給我一間完美的儲藏設計嗎？

設計
關鍵提示

挑高空間善用衛浴上方用不到的空間規劃為儲藏室，讓微型宅賦予更多收納機能。

|提示 1|

深度以 70 公分為最佳

　　儲藏室並不是雜物間，所以不是越大越好，空間大小以人不用走進去，就能取得物品為佳，因此深度不能太深，大約 70 公分最好，可採用層板放置物品，越不常用到的擺在上方或下方，常會使用的靠中間層放置。

|提示 2|

以倉儲概念分類放置

　　放進儲藏室的物品當然也要做好分類，因為已經有門片，並不需要再多做櫃子，可利用能調節高度的活動層板設計，視物品尺寸調整高度、分層收納，常用的放中間層，越少使用的放越上層，除濕機、吸塵器等家電則放在最下方，方便拿取使用。（見 P.192）

圖片提供 ©FUGE 馥閣設計集團

利用樓梯下方的空間分為三層，讓屋主可以擺放較大型的雜物，或者從大賣場採購回來時，可將買回來的物品暫時擺放在此。

|提示 3 |
畸零角落就是儲藏室的預定地

無須特別去找個空間圈起來、拿來專門做儲藏室用，將主要機能空間規畫好，剩下的畸零地，就是絕佳的儲藏室。儲藏室最好用來收納一般櫃子放不下的大型家用品，小東西要靠層板、掛勾規劃，不然反而不好收。（見 P.193）

|提示 4 |
善用畸零空間儲藏大件家用品

保留方正的大空間作室內機能使用，盡量用住家的畸零空間規劃儲藏室。儲藏室可供收納一般櫃體無法收納的物件，如吸塵器、行李箱、風扇等大型家用品。

|提示 5 |
儲藏櫃身兼儲藏室功能

想要有一個完整區域專門收納所有物品，並非得要做一間儲藏室才行，從畸零或過道處找空間，用木作規劃一儲藏櫃，再結合門片設計，小環境變得完整，也兼具儲藏室功能。（見 P.191）

|提示 6 |
開放層板結合收納盒

因家用品大小不一，如儲物間是密閉式，建議可直接採開放式系統層板，擺放物品大小較沒限制之外，怕灰塵或較少用的物件可放置於塑膠收納盒內，亦有利減低系統櫃設計費用。

|提示 7 |
搭配立體層板省坪效

儲藏室能解決大型家用品的收納問題，但平面收納會減少住家坪數，最好能利用立體的層板收納，不但能具備原有的機能，還可以節省使用空間。

|提示 8 |
樓梯畸零區的立體收納法

樓梯附近空間，由於不方正、上方又有樓梯量體壓縮，使用不易，是規劃收納大型家用品的好區塊。除了用一道門圈圍的陽春儲藏法，以多面收納櫃的概念，將所有東西用門片、層板立體收納，即大幅提升坪效。（見 P.193）

16個精采
儲藏空間
設計

弧形線條呼應貓洞設計。

圖片提供 © 木介空間設計

超實用

Case01

格局重整讓小宅也有獨立儲藏室

屋主需求 ▶ 雖然居住成員僅有夫妻倆，但還是想要有個空間能收納各種生活雜物，維持空間的整齊。

格局分析 ▶ 26坪舊屋翻新，將三房變更為二房，其中一房拆除重新規劃為主臥更衣室、餐廳。

櫃體規劃 ▶ 主臥房更衣間區域的1／3空間獨立出來，打造為獨立儲藏室，入口處安排於餐廳主牆，並擷取弧形貓洞語彙，以圓弧對開門片形式勾勒儲藏室入口，淡化其存在感。

好收技巧 ▶ 儲藏室坪數約0.7坪，換季、打掃家電或是貓咪飼料都能完整被收納，鑿空門把加上推入式門片，身體一推就能進入。

主臥室的1／3空間讓出給儲藏用，集中收納生活雜物與電器。

圖片提供 © 木介空間設計

Case02

儲藏室搭配市售貨架，井然有序又有彈性

屋主需求 ▶ 喜歡工業風且愛好戶外活動的屋主，希望能有專門收納戶外用品的空間。

格局分析 ▶ 利用玄關進來後的樑下空間做整面收納。

櫃體規劃 ▶ 每個櫃子裡面規劃不同機能：鞋櫃、衣帽櫃、球類、露營用品等，並利用層板進行彈性調整。

好收技巧 ▶ 儲藏室確認大小後內部利用市售貨架向上收納，不僅讓收納井然有序，也能依需求隨時更換。

內部搭配市售貨架方便整理雜物。

圖片提供 © 築樂居

拍拍手門片，不用預留門片開啟空間。

開放式設計，收納物品一目瞭然。

圖片提供 © 禾光室內裝修設計

收最多

Case03

畸零空間變儲藏室

屋主需求 ▶ 希望能做一置物間完整擺放生活用品。

格局分析 ▶ 玄關與客廳的中間，剛好有多出空間可善加利用。

櫃體規劃 ▶ 玄關、客廳之間利用畸零環境規劃一個儲藏櫃。

好收技巧 ▶ 門片加裝了拍拍手設計，既不用特別預留門片開啟位置，也能強化平滑表面的櫃體。

圖片提供 © 禾光室內裝修設計

Case04
梯下收納升級小窩坪效

屋主需求 ▶ 有大量儲物需求，但不要整間看來都是櫃子。

格局分析 ▶ 4 米 2 挑高兩人住家，含夾層坪數僅 15 坪。

櫃體規劃 ▶ 將電視牆與樓梯結合界定區域，底層內包鐵件，再以 H 型鋼跟白色扶手相銜，讓梯座支撐足夠來擴展收納。

好收技巧 ▶ 深 50 公分底層採開放式收納影音設備，側面抽屜櫃則收納雜物。

抽屜可分類收納各式生活用品。

Case05
電路圖裝飾男孩專屬儲藏室

藍白彩繪門片，門片隱形化。

屋主需求 ▶ 需要有空間能放置球類、手套、帽子等運動相關用品。

格局分析 ▶ 原為客廳的三角陽台，後改為男孩房則規劃為小儲藏室使用。

櫃體規劃 ▶ 在牆面與儲藏室門片用藍底白線條繪製電路圖概念裝飾，讓門片隱型、強化整體視覺。

好收技巧 ▶ 利用固定式層板擺放行李箱、球類、手套；並利用窗戶與牆之間的局部空間吊掛帽子。

Case06

整合多元收納成一道視覺背牆

屋主需求 ▶ 屋主有騎車習慣，希望將家中書籍、腳踏車、配件等物品妥善收整。

格局分析 ▶ 單面採光的小坪數住家，收納空間有限。

櫃體規劃 ▶ 讓腳踏車以裝置藝術概念懸吊櫃體上方，背牆則採用鐵件與沖孔板打造灰色調收納空間，若隱若現感減輕量體帶來的視覺壓迫。

好收技巧 ▶ 灰色烤漆背牆規劃出多層次的儲物空間，方便屋主統一收納、整理，同時成為專屬住家的特色牆面。

沖孔板材質減輕量體。

圖片提供 © 甘納空間設計

照片提供 © 甘納空間設計

自然風 Case07
連續櫃體收整大量露營用具

屋主需求 ▸ 露營是這家人帶著孩子接觸自然的珍貴親子時光，因此家中有非常多的露營裝備，需要好收好放的位置妥善收納。

格局分析 ▸ 玄關銜接餐廳、客廳至陽台，除了中間有根大樑之外，整體格局算相當方正，將儲物櫃集中在這條筆直通道上，收納整理動線更為方便。

櫃體規劃 ▸ 櫃體採用鋼刷木皮加特殊漆，營造森林巨木的自然氣息，底端的電視牆背板則以微科技感的不鏽鋼美耐板搭配金屬層架，對比出層次趣味。

好收技巧 ▸ 連續性櫃體、隱藏式門把，能在視覺上產生空間放大感；中段以透空方式，將不易收納的露營用大型車頂箱，如同藝術展示品般立掛在牆上。

中段透空處收納露營用具兼做展示。

好拿取

Case08
不鏽鋼層次暗藏置物格

屋主需求 ▶ 希望居家具備充足收納空間，能隨心所欲布置、替換眾多展示精品。

格局分析 ▶ 擁有大面落地窗的開放公共場域，希望將收納自然融入設計中、降低量體存在感。

櫃體規劃 ▶ 不鏽鋼貼覆木作門片表面，隨著大小櫃體自然錯落不規則層次，在光線照射下，為灰階居家增添輕工業現代質感。

好收技巧 ▶ 此區櫃體深度約為 20 ～ 30 公分，主要收納工具箱、備品等小物，以拍拍手做開闔設計、令整體畫面更簡潔。

圖片提供 © 尚藝設計

櫃體深度約30公分，收納工具箱等小物。

圖片提供 © 尚藝設計

圖片提供◎尚藝設計

超好收

Case09

實木牆弱化櫃體存在感

屋主需求 ▶ 需要存放各種出國旅行的紀念品，各種居家雜物希望能好取、好收 。

格局分析 ▶ 大器靜謐的灰色調客、餐廳場域，不希望被大型收納量體分割而顯得雜亂。

櫃體規劃 ▶ 松木實木大面積鋪陳公、私領域，同時將客廳側邊板材預留拼接縫、暗藏櫃體，成功兼顧空間畫面美感與收納便利性。剛柔、粗獷與現代對比出層次趣味。

好收技巧 ▶ 位於客廳電視牆側邊的隱藏收納櫃，可放置中大型居家雜物，拿取、收納皆十分便利。

利用材料預留拼接縫把櫃體隱形化。

圖片提供◎尚藝設計

好
方
便

Case 10
轉角收納櫃收整露營用品

屋主需求 ▶ 屋主為重度露營愛好者，擁有完整野營設備，需要方便頻繁收、取的置物空間。

格局分析 ▶ 開放式客、餐、廚空間，需要兼顧輕食、熱炒與收納等日常生活需求。

櫃體規劃 ▶ 對稱實木、白色拉門不僅隱喻戶外露營氛圍，同時暗藏收納與隔絕油煙設計，成功用設計描繪美好簡潔的生活畫面。

好收技巧 ▶ 左側為可分別挪移的三道拉門，大小空格可供擺放帳棚、摺疊桌椅、露營燈等物品，整合於一處方便打包、歸位。

圖片提供 © 尚藝設計

三道拉門內完整收納露營用具。

圖片提供 © 尚藝設計

高機能 Case11
多元功用的書房客房儲藏室

屋主需求 ▸ 新婚夫妻需要有書房,且期望同一空間能有多功能運用的可能性。

格局分析 ▸ 書房的右側為廚房,若將廚房拉門關起來,書房就是個很大的空間。

櫃體規劃 ▸ 在 1.5 坪多功能的空間中,比照一般床架高度,抬高 40 公分,下方製作抽屜,門片選用洞洞板,增加收納空間。

好收技巧 ▸ 架高的多功能空間,僅需鋪上床墊,即可作為客房使用,空間中也增加封閉式書櫃,洞洞板門片,也可以機動性成為展示牆。

洞洞板既是門片也是陳列用。

圖片提供 © 構設計

圖片提供 © 構設計

收最多

Case12
坪儲藏室收攏各式物件

內部搭配活動層架擺放大型電器。

圖片提供 © 蟲點子創意設計

屋主需求 ▸ 一家四口在 17 坪空間內要有三房，餐廳要有大中島，並有收納空間。

格局分析 ▸ 入口處左手邊為廚房、餐廳，正前方則客廳，因此在入口處即設計收納櫃、儲藏室。

櫃體規劃 ▸ 由於空間較小，又要隔出三房，因此將收納空間分配靠近牆面，入口兩側有收納櫃，並設計 1 坪大小的儲藏室。

好收技巧 ▸ 入口處的收納櫃能收納較小的物品，儲藏室則可以另外添購活動層架，靈活擺放行李箱、大型電器等物品。

將收納配置於鄰近入口處，為小宅爭取更多機能。

Case 13

善用下凹格局內嵌沙發抽屜

屋主需求 ▸ 退休夫妻住約 15 坪的小宅,兒女希望有空間可以容納三不五時探望父母的親友。

格局分析 ▸ 小宅為長條型格局,中間段的客廳,為故有的下凹式空間,右側為廚房、左側為臥房。

櫃體規劃 ▸ 客廳保留原有的下凹空間,運用高低差設計成臥榻,並在臥榻內嵌沙發及收納抽屜,媒體、雜物櫃整合於窗邊四周。

好收技巧 ▸ 臥榻內崁的沙發下方為了發便拿取,以抽屜的方式設計,窗邊四周的媒體、雜物櫃,也依使用習慣設計上掀、左掀、右掀式門片。

地板變出豐富儲物空間。

圖片提供 © 蟲點子創意設計

儲藏室側邊整合電視櫃、後方則有鞋櫃，將收納量體集中規劃。

Case 14

櫃體交疊集中收納機能

屋主需求 ▶ 想要有獨立的儲藏室收納生活家電、各式雜物等等。

格局分析 ▶ 入口即見窗，需要設置隔屏阻擋。

櫃體規劃 ▶ 為維持客餐廳區域的完整性，利用不同面向的櫃體交疊，整合多數的收納機能，例如：鞋櫃、設備櫃，櫃體立面選用塗裝木皮板加上導弧形，增添溫潤柔和之感。

好收技巧 ▶ 門扇開啟處為儲藏空間，內部可依據屋主喜好添購活動層架，右側格柵抽屜為設備櫃，方便紅外線感應使用，上端玻璃層板有助於光線的流通。

圖片提供 © 木介空間設計

木皮導角處理增添溫潤感。

Case 15
客廳整合電器展式收納機能

屋主需求 ▶ 在 12 坪的小空間內,保有 1 位大人、2 位小孩的 2 房及足夠的收納空間。

格局分析 ▶ 入門後為狹長的客廳區域,客廳後方為廚房與主臥、夾層的次臥房。

櫃體規劃 ▶ 由於空間僅有 12 坪,要容下 2 房、客廳、廚房,所以將收納空間全集中在牆面的兩側,創造出足夠的收納空間。

好收技巧 ▶ 客廳的沙發、臥榻下方皆有設計抽屜、上掀式收納櫃,左側的櫃子,兼具封閉式、開放式展示櫃、可以抽拉的電器櫃。

抽屜搭配上掀收納櫃,
創造超高儲物量。

Case 16
儲藏間也是孩子的遊戲秘密基地

儲藏室僅規劃 150 公分高,
上方是孩子遊戲區。

圖片提供 ©SOAR Design 合風蒼飛設計＋張育睿建築師事務所

屋主需求 ▶ 一家人的生活並不會每天觀看電視,僅有假日才會使用投影螢幕。

格局分析 ▶ 屬於一般公寓住宅,公領域既有一處凹槽空間,深度約 90 公分、寬達 3 米,過去多數設計都是用來規劃為電視牆。

櫃體規劃 ▶ 因應屋主生活型態,將此凹槽空間規劃為儲藏室,高度設定在 150 公分左右,更符合人體工學可以舒適便利的使用。

好收技巧 ▶ 儲藏間內部為一個相通的大尺度空間,利用層架的安排提供收納,搭配上爬梯,左右兩側收弧形,如同洞穴般,上層變成小朋友的秘密基地,從上往下俯瞰與爸媽互動變得更有趣。

[附錄]

設計師

CONCEPT 北歐建築
台北總部：
台北市大安區安和路二段32 巷19 號
新竹分部：
新竹縣竹北市成功十一街120 號1 樓
台中分部：
台中市南屯區公益路二段263 號3 樓
高雄分部：
高雄市左營區裕誠路423 號2 樓
02-2706-6026

ST design studio
0975-782-669
臺北市大安區敦化南路二段46 號9F-14

木介空間設計
06-298-8376
台南市安平區文平路479 號2 樓

非關設計
02-2784-6006
台北市建國南路一段286 巷31 號

方構制作空間設計
02-2795-5231
台北市內湖區民權東路六段56 巷31 號

甘納空間設計
02-2795-2733
台北市內湖區新明路298 巷12 號3 樓

合砌設計
02-2786-1080
台北市南港區忠孝東路六段428 巷3 號1 樓

日和設計
02-2703-0318

禾光室內裝修設計
02-2745-5186
台北市信義區松信路216 號

拾隅空間設計
02-2523-0880
台北市中山區松江路100 巷17 號1 樓

相即設計
02-2725-1701
台北市松山區延壽街330 巷8 弄3 號

權釋設計
0800-070-068

尚藝設計
02-2567-7757
台北市中山區中山北路二段39 巷10 號3 樓

堯丞希設計
03-357-5057
桃園市桃園區寶慶路428 號1 樓

爾聲空間設計
02-2518-1058
台北市中山區長安東路二段77 號2 樓

摩登雅舍室內裝修
台北市文山區忠順街85 巷29 號15 樓
02-2234-7886

蟲點子創意設計
02-2365-0301
台北市大安區師大路80 巷3 號

尚展設計
台北市信義區光復南路417 號7 樓
02-2720-8568

構設計
02-8913-7522
新北市新店區中央路179-1 號1 樓

逸喬設計
新北市板橋區中山路二段89 巷1 弄6 號1 樓
02-2963-2595

質覺制作 Being Design
02-2633-0665
臺北市內湖區康寧路三段177 號1 樓

光合作用設計
台北市文山區興隆路二段13 號2F
02-8663-1159

築樂居設計
03-577-0719
新竹市東區關新路235 號

力口建築
台北市復興南路二段195 號4 樓
02-2705-9983

FUGE 馥閣設計集團
02-2325-5019
台北市大安區仁愛路三段26-3 號7 樓

奇逸空間設計
台北市大安區信義路三段150 號8 樓之1
02-2755-7255

福研設計
02-2703-0303
台北市大安區安和路二段63 號4 樓

禾光室內裝修設計
台北市信義區松信路216 號
02-2745-5186

演拓空間設計
台北市松山區八德路四段72 巷10 弄2 號1 樓
02-2766-2589

國家圖書館出版品 預行編目（CIP）資料

收納要輕鬆，就要做對裝潢：做好空間規劃、櫃
設計，收納一次到位 / 漂亮家居編輯部作 . - 初版 .
- 臺北市：城邦文化事業股份有限公司麥浩斯出版：
英屬蓋曼群島商家庭傳媒股份有限公司城邦分公司
發行 , 2021.04
　　面； 公分 . - (Solution ; 129)
ISBN 978-986-408-675-7(平裝)

1. 家庭佈置 2. 室內設計 3. 空間設計

422.5　　　　　　　　　　　　　　　110005430

SOLUTION 129

收納要輕鬆，就要做對裝潢：
做好空間規劃、櫃設計，收納一次到位

作　　者｜漂亮家居編輯部
責任編輯｜許嘉芬
文字編輯｜黃婉貞、陳淑萍、Tina、戴苡如、Jean Ru、Eliza、Jenny
美術設計｜莊佳芳
編輯助理｜黃以琳

發 行 人｜何飛鵬
總 經 理｜李淑霞
社　 長｜林孟葦
總 編 輯｜張麗寶
副總編輯｜楊宜倩
叢書主編｜許嘉芬

出　　版｜城邦文化事業股份有限公司 麥浩斯出版
地　　址｜104 台北市民生東路二段 141 號 8F
電　　話｜（02）2500-7578　傳真：（02）2500-1916
電子信箱｜cs@myhomelife.com.tw

發　　行｜英屬蓋曼群島商家庭傳媒股份有限公司 城邦分公司
地　　址｜104 台北市民生東路二段 141 號 2F
讀者服務｜電話：（02）2500-7397；0800-033-866　傳真：（02）2578-9337
訂購專線｜0800-020-299（週一至週五上午 09:30 ～ 12:00；下午 13:30 ～ 17:00）
劃撥帳號｜1983-3516　戶名：英屬蓋曼群島商家庭傳媒股份有限公司 城邦分公司

香港發行｜城邦 (香港) 出版集團有限公司
地　　址｜香港灣仔駱克道 193 號東超商業中心 1 樓
電　　話｜852-2508-6231
傳　　真｜852-2578-9337
電子信箱｜hkcite@biznetvigator.com

馬新發行｜城邦（馬新）出版集團 Cite (M) Sdn Bhd
地　　址｜41, Jalan Radin Anum, Bandar Baru Sri Petaling,
　　　　　57000 Kuala Lumpur, Malaysia.
電　　話｜603-9057-8822　傳真：（603）9057-6622
製版印刷｜凱林彩印股份有限公司
版　　次｜2021 年 4 月初版一刷
定　　價｜新台幣 420 元